数学类本科专业核心课程教材

复变函数与积分变换

主编 柴英明 李珊珊

西南交通大学出版社
·成都·

图书在版编目（CIP）数据

复变函数与积分变换 / 柴英明，李珊珊主编. －－ 成都：西南交通大学出版社，2025.3. －－ ISBN 978-7-5774-0392-2

Ⅰ. O174.5；O177.6

中国国家版本馆 CIP 数据核字第 20250JK247 号

Fubian Hanshu yu Jifen Bianhuan
复变函数与积分变换
主编　柴英明　李珊珊

策划编辑	孟秀芝
责任编辑	孟秀芝
责任校对	蔡 蕾
封面设计	GT 工作室
出版发行	西南交通大学出版社 （四川省成都市金牛区二环路北一段 111 号 西南交通大学创新大厦 21 楼）
营销部电话	028-87600564　028-87600533
邮政编码	610031
网　　址	https://www.xnjdcbs.com
印　　刷	成都勤德印务有限公司
成品尺寸	185 mm × 260 mm
印　　张	7.5
字　　数	187 千
版　　次	2025 年 3 月第 1 版
印　　次	2025 年 3 月第 1 次
书　　号	ISBN 978-7-5774-0392-2
定　　价	26.00 元

课件咨询电话：028-81435775
图书如有印装质量问题　本社负责退换
版权所有　盗版必究　举报电话：028-87600562

前言

复变函数与积分变换是数学领域一门基础的分支学科,其历史源远流长,内容极为丰富,诸多结论臻于完美. 它在众多数学分支、力学以及工程技术科学等领域都有广泛的应用.

目前国内外的同类教材数量众多,然而其内容往往繁杂冗长,致使在课时较少的状况下,学生难以阅读如此浩繁的篇幅. 编者历经多年的钻研与思考,对经典理论予以整合,力求做到阐述清晰明了、浅显易懂,为学生节省诸多时间,帮助学生快速融入教材学习中. 本书理论性与应用性并重,全面呈现经典理论及其重要应用,使学生能够完整地领悟到该理论与应用所具有的独特美感;同时,还补充了本学科当前发展的重要成果,从而使学生得以把握最新的理论发展趋向.

本书由柴英明、李珊珊担任主编,具体由柴英明主笔编写,柴英明和李珊珊统审. 在本书的编写过程中,李庆、滕玲莹、邢旭、蒋洁芳提出了很多宝贵的建议. 同时,本书在编辑录入阶段,得到了西南民族大学数学与应用数学专业(师范)2301班全体同学的帮助;在教材试用期间,得到了西南民族大学 2022 级选修复变函数与积分变换课程的数学与计算科学专业、统计学专业的学生的宝贵建议,在此一并表示感谢!

鉴于编者水平所限,书中不妥之处在所难免,敬请读者批评指正.

编 者
2024 年 10 月

目 录

1 复数与复变函数 ·················· 001
   1.1 复 数 ························ 001
   习题 1-1 ························ 006
   1.2 复变函数 ···················· 007
   习题 1-2 ························ 010

2 解析函数 ·························· 011
   2.1 初等函数 ···················· 011
   习题 2-1 ························ 017
   2.2 解析函数 ···················· 017
   习题 2-2 ························ 022

3 复变函数的积分 ·················· 024
   3.1 复积分 ························ 024
   习题 3-1 ························ 028
   3.2 柯西积分定理及不定积分 ···· 028
   习题 3-2 ························ 031
   3.3 柯西积分公式和解析函数的
       高阶导数 ···················· 032
   习题 3-3 ························ 036

4 解析函数的级数表示 ············· 037
   4.1 复级数 ························ 037
   习题 4-1 ························ 039
   4.2 泰勒级数 ···················· 039
   习题 4-2 ························ 043
   4.3 零点孤立性与唯一性定理 ···· 044
   习题 4-3 ························ 046
   4.4 洛朗级数 ···················· 046
   习题 4-4 ························ 051
   4.5 解析函数的孤立奇点 ········· 052
   习题 4-5 ························ 055
   4.6 解析函数在无穷远点的性质 ··· 056
   习题 4-6 ························ 057

5 留数及其应用 ····················· 058
   5.1 留 数 ························ 058
   习题 5-1 ························ 062
   5.2 用留数计算实积分 ··········· 062
   习题 5-2 ························ 067
   5.3 辐角原理 ···················· 067
   习题 5-3 ························ 071

6 共形映射 ·························· 072
   6.1 解析变换的特性 ············· 072
   习题 6-1 ························ 078

6.2　分式线性变换……………………078
　　习题 6-2 ………………………………082

7　傅里叶级数与傅里叶变换……………083
　7.1　傅里叶级数与傅里叶变换………083
　　习题 7-1 ………………………………088
　7.2　单位脉冲函数………………………089
　　习题 7-2 ………………………………094
　7.3　傅里叶变换的性质及应用…………094
　　习题 7-3 ………………………………099

8　拉普拉斯变换…………………………100
　8.1　拉普拉斯变换………………………100
　　习题 8-1 ………………………………101
　8.2　拉普拉斯变换的性质………………102
　　习题 8-2 ………………………………106
　8.3　拉普拉斯逆变换……………………106
　　习题 8-3 ………………………………108

9　习题参考答案…………………………109

参考文献……………………………………114

1

复数与复变函数

1.1 复数

复数是实数的扩张,并且较好地保留了实数的代数性质和分析性质,只是不具备关于序的某些性质. 在本节中,我们将认识复数,了解它的表示形式以及运算性质.

1.1.1 数系的扩张

假设我们已通晓自然数.

1. 自然数 $\mathbb{N} = \{0,1,2,3,\cdots\}$

整数可以通过自然数来定义.

2. 整数 $\mathbb{Z} = \{x \mid x \in \mathbb{N} \text{ 或 } -x \in \mathbb{N}\}$

用 $\mathbb{N}^+ = \{x \mid x \in \mathbb{N} \text{ 且 } x \neq 0\}$ 表示正整数.

3. 有理数 $\mathbb{Q} = \left\{\dfrac{q}{p} \mid q \in \mathbb{Z}, p \in \mathbb{N}^+, p,q \text{ 互质}\right\}$

性质 1.1 非零有理数与无限循环小数等价.

设 $a_1 a_2 \cdots a_m . b_1 b_2 \cdots b_n \dot{c}_1 c_2 \cdots \dot{c}_t$ 为一个无限循环小数,其中 $m,n,t \in \mathbb{N}, a_1, a_2, \cdots, a_m, b_1, b_2, \cdots, b_n, c_1, c_2, \cdots, c_t \in \{0,1,2,3,4,5,6,7,8,9\}, t \geq 1, c_1 c_2 \cdots c_t$ 为循环节,且不全为零, $m \geq 1$,当 $m > 1$ 时, $a_1 \neq 0$.

首先,任意无限循环小数都可化为有理数:令 $d = a_1 a_2 \cdots a_m . b_1 b_2 \cdots b_n \dot{c}_1 c_2 \cdots \dot{c}_t$,为了讨论方便,不妨设 $n=0$,于是 $d = a_1 a_2 \cdots a_m . \dot{c}_1 c_2 \cdots \dot{c}_t$,等式两边同时乘以 10^t,则 $10^t d = a_1 a_2 \cdots a_m c_1 c_2 \cdots c_t . \dot{c}_1 c_2 \cdots \dot{c}_t$. 两式相减,减掉循环节,得 $10^t d - d = a_1 a_2 \cdots a_m c_1 c_2 \cdots c_t - a_1 a_2 \cdots a_m$,解得 $d = \dfrac{a_1 a_2 \cdots a_m c_1 c_2 \cdots c_t - a_1 a_2 \cdots a_m}{10^t - 1}$,

从而可得 d 为有理数.

例如：设 $d = 2.3\dot{4}$，则 $100d = 234.3\dot{4}, 99d = 232, d = \dfrac{232}{99}$. 再如：设 $d = 0.\dot{9}$，则 $10d = 9.\dot{9}$，$9d = 9, d = 1$.

其次，任意一个非零有理数都可以表示成无限循环小数. 设 d 是一个非零有理数，$d = \dfrac{q}{p}, p, q$ 互质，分两种情况讨论：

（1）q 除以 p 的商有无限位，我们观察 q 除以 p 的过程：当除法进行到一定步骤时，余数将小于除数且不小于零. 因为小于除数的非负整数只有 p 个，而商有无限位，所以根据抽屉原理，必将出现相同的余数，在两个相邻的相同余数之间，就得到了一个循环节. 从而证明这个无限位的商是一个无限循环小数.

（2）q 除以 p 的商有有限位，设 $d = a_1 a_2 \cdots a_m . b_1 b_2 \cdots b_n$，不妨设 $b_n \neq 0$，则
$d = a_1 a_2 \cdots a_m . b_1 b_2 \cdots (b_n - 1)\dot{9}$，于是 d 可表示为一个无限循环小数.

例如：$\dfrac{22}{7} = 3.\dot{1}4285\dot{7}$，再如：$\dfrac{1}{2} = 0.5 = 0.4\dot{9}$.

实数可以通过戴德金分割严格定义，这里只作简单介绍. 我们称无限不循环小数为无理数，有理数和无理数统称为实数.

4. 实数 $\mathbb{R} = \{x \mid x$ 为有理数或 x 为无理数$\}$

由于无理数是无限不循环的，所以不能把它都写出来，只能用符号表示. 可以证明 $\sqrt{2}(= 1.414\cdots), e(= 2.71828\cdots), \pi(= 3.1415926\cdots)$ 都是无理数，但是想知道这三个无理数的每一位上的数字是多少是很困难的. 有没有无理数可以很容易知道任意位上的数字是多少呢？其实这样的无理数有很多，例如无理数 $0.101001000100001\cdots (= \sum\limits_{n=1}^{+\infty} 10^{-(1+2+\cdots+n)})$.

从自然数到实数都有很好的代数性质和分析性质.

性质 1.2 设 $a, b, c \in \mathbb{R}$，则

（1）（交换律）$a + b = b + a, a \times b = b \times a$；

（2）（结合律）$(a+b)+c = a+(b+c), (a \times b) \times c = a \times (b \times c)$；

（3）（分配律）$(a+b) \times c = a \times c + b \times c$；

（4）（有单位元）$a + 0 = a, a \times 1 = a$；

（5）（无零因子）$a \times b = 0 \Rightarrow a = 0$ 或 $b = 0$；

（6）（保范性）$|a \times b| = |a| \times |b|$.

1545 年，意大利数学家卡尔达诺（Cardano）在对三次方程求根时，发现了虚数 $i = \sqrt{-1}$，由此实数被扩充到复数.

5. 复数 $\mathbb{C} = \{a + bi \mid a, b \in \mathbb{R}\}$

设 $z = a + bi, z_1 = a_1 + b_1 i, z_2 = a_2 + b_2 i, a, a_1, a_2, b, b_1, b_2 \in \mathbb{R}$，则 $z_1 + z_2 = (a_1 + a_2) + (b_1 + b_2)i$，$z_1 \times z_2 = (a_1 a_2 - b_1 b_2) + (a_1 b_2 + a_2 b_1)i, z$ 的模为 $\sqrt{a^2 + b^2}$.

复数关于加法、乘法和模依然具有性质1.2，即满足交换律、结合律、分配律、有单位元、无零因子、保范性的性质. 但复数不构成有序域，所谓有序域即满足以下四个条件：

（1） $a < b, a = b, a > b$，三者必居其一，且仅有其一；

（2） $a < b, b < c \Rightarrow a < c$；

（3） $a < b \Rightarrow a + c < b + c$；

（4） $a < b, c > 0 \Rightarrow ac < bc$.

可以用反证法证明复数不构成有序域. 假设复数构成有序域，不妨设 $i > 0$，则 $i \times i > 0 \times i$，于是 $-1 > 0$，进而得到 $-1 + 1 > 0 + 1$，故 $0 > 1$；又由 $-1 > 0$，于是 $(-1) \times (-1) > 0 \times (-1)$，即 $1 > 0$，矛盾. 所以复数不构成有序域.

实数可以与直线上的点对应起来，复数 $a + bi$ 可以与平面上的点 (a, b) 对应起来. 由此我们自然会想，复数能否再扩充，使得它与三维空间中的点对应起来呢？在满足结合律与分配律的条件下，答案是否定的.

假设我们引入新的数 j，使得数可以表示为 $a + bi + cj, a, b, c \in \mathbb{R}, i = \sqrt{-1}$. 设 $i \times j = a + bi + cj$，则可得 $ci \times j = ac + bci + c^2 j$；而 $i \times i \times j = ai - b + ci \times j$，于是 $ci \times j = b - ai - j$. 比较两式可得 $c^2 = -1$，矛盾.

虽然没有与三维空间的点对应的数，但是在1843年，爱尔兰数学家哈密顿（Hamilton）发现了四元数. 四元数的代数性质要差一些，它不满足乘法交换律，但具有性质1.2中的其余性质. 四元数的不可交换性往往导致一些令人意外的结果，例如四元数的 n 次方程可以有多于 n 个不同的根.

6. 四元数

四元数 $x = a + bi + cj + dk$，其中 $a, b, c, d \in \mathbb{R}, i^2 = -1, j^2 = -1, k^2 = -1, i \times j = k, j \times k = i, k \times i = j$.

四元数不满足乘法交换律，$i \times j \neq j \times i, i \times j = -j \times i$. 四元数 $a + bi + cj + dk = (a + bi) + (c + di)j$，所以四元数同构于 $\mathbb{C} \oplus \mathbb{C}$.

四元数之后是八元数，在1845年，英国数学家凯莱（Cayley）发现了八元数.

7. 八元数

八元数 $x = x_0 + x_1 e_1 + x_2 e_2 + x_3 e_3 + x_4 e_4 + x_5 e_5 + x_6 e_6 + x_7 e_7$，其中 $x_0, x_1, x_2, x_3, x_4, x_5, x_6, x_7 \in \mathbb{R}$，$1, e_1, e_2, e_3, e_4, e_5, e_6, e_7$ 的乘法运算如下表：

×	1	e_1	e_2	e_3	e_4	e_5	e_6	e_7
1	1	e_1	e_2	e_3	e_4	e_5	e_6	e_7
e_1	e_1	-1	e_3	$-e_2$	e_5	$-e_4$	$-e_7$	e_6
e_2	e_2	$-e_3$	-1	e_1	e_6	e_7	$-e_4$	$-e_5$
e_3	e_3	e_2	$-e_1$	-1	e_7	$-e_6$	e_5	$-e_4$
e_4	e_4	$-e_5$	$-e_6$	$-e_7$	-1	e_1	e_2	e_3
e_5	e_5	e_4	$-e_7$	e_6	$-e_1$	-1	$-e_3$	e_2
e_6	e_6	e_7	e_4	$-e_5$	$-e_2$	e_3	-1	$-e_1$
e_7	e_7	$-e_6$	e_5	e_4	$-e_3$	$-e_2$	e_1	-1

由于 $x_0 + x_1e_1 + x_2e_2 + x_3e_3 + x_4e_4 + x_5e_5 + x_6e_6 + x_7e_7 = (x_0 + x_1e_1 + x_2e_2 + x_3e_3) + (x_4 + x_5e_1 + x_6e_2 + x_7e_3)e_4$，所以八元数同构于四元数与四元数的直和.

八元数不满足乘法交换律和乘法结合律，即 $e_1e_2 \neq e_2e_1, (e_1e_2)e_5 \neq e_1(e_2e_5)$. 但它满足分配律、有单位元、无零因子、保范性的性质.

如果要求数系满足无零因子，则数系到八元数就不能再扩充了.

1.1.2 复数的定义与运算

在实数域中，引入 $i = \sqrt{-1}$ ($i^2 = -1$) 得到复数 $z = a + bi, a, b \in \mathbb{R}$，称 a 为实部，记作 $\operatorname{Re} z$，称 b 为虚部，记作 $\operatorname{Im} z$. 实部和虚部分别相等的复数称为相等的复数. 当 $b = 0$ 时，即为实数；当 $b \neq 0$ 时，称为虚数；当 $a = 0, b \neq 0$ 时称为纯虚数. 称 $a - bi$ 为 z 的共轭复数，记作 $\bar{z}$，即 $\overline{a + bi} = a - bi$.

复数 $a + bi$ 可以与平面上的点 (a, b) 一一对应，我们称这个平面为复平面，有时为了区分，称作 z 平面、w 平面等. 并且称 x 轴为实轴，称 y 轴为虚轴.

如果把复数 $a + bi$ 与平面上的向量 (a, b) 对应起来（见图 1.1），可以引入复数的模和辐角. 称 $\sqrt{a^2 + b^2}$ 为复数 $z = a + bi$ 的模，记作 $|z|$. 称正实轴到向量 (a, b) 的角为复数 z 的辐角，辐角有无穷多个，记作 $\operatorname{Arg} z$. 当 $-\pi < \operatorname{Arg} z \leqslant \pi$ 时，称其为辐角主值或主辐角，记作 $\arg z$，显然有 $\operatorname{Arg} z = \arg z + 2k\pi, k \in \mathbb{Z}$. 规定 0 的辐角可以取任意值.

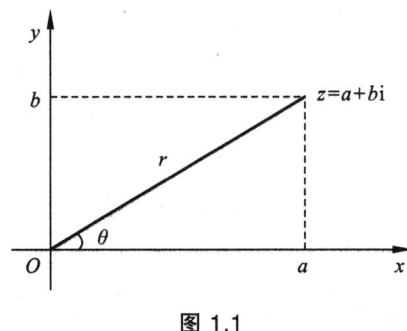

图 1.1

复数的四则运算定义如下：

（1）加法：$(a + bi) + (c + di) = (a + c) + (b + d)i$；

（2）减法：$(a + bi) - (c + di) = (a - c) + (b - d)i$；

（3）乘法：$(a + bi) \times (c + di) = (ac - bd) + (ad + bc)i$；

（4）除法：$\dfrac{a + bi}{c + di} = \dfrac{ac + bd}{c^2 + d^2} + \dfrac{bc - ad}{c^2 + d^2}i, c + di \neq 0.$

复数的减法与除法分别是加法与乘法的逆运算，加法与乘法满足交换律和结合律，乘法对加法满足分配律.

注：虽然复数可以看成向量，但是复数的乘法一般不同于向量的数量积，也不同于向量的

向量积. 两个复数相乘, 当有一个为零时, 复数的乘法与向量的向量积相等; 当有一个为零或两个都为实数时, 复数的乘法与向量的数量积相等.

复数的共轭、模以及复数的运算具有如下性质:

（1）$\overline{\overline{z}} = z, \overline{z_1 \pm z_2} = \overline{z_1} \pm \overline{z_2}, \overline{z_1 \cdot z_2} = \overline{z_1} \cdot \overline{z_2}, \overline{\left(\dfrac{z_1}{z_2}\right)} = \dfrac{\overline{z_1}}{\overline{z_2}}$;

（2）$|\overline{z}| = |z|, |z|^2 = z \cdot \overline{z}, |z_1 \cdot z_2| = |z_1| \cdot |z_2|, \left|\dfrac{z_1}{z_2}\right| = \dfrac{|z_1|}{|z_2|}, ||z_1| - |z_2|| \leqslant |z_1 \pm z_2| \leqslant |z_1| + |z_2|, z, z_1, z_2 \in \mathbb{C}, z_2$ 作分母时不为零.

设复数 $z = a + bi$ 的模为 r, 辐角为 θ, 则 $z = r(\cos\theta + i\sin\theta)$. 根据欧拉公式 $e^{i\theta} = \cos\theta + i\sin\theta$, 复数还可以表示为 $z = re^{i\theta}$. 这三种表示复数的形式分别称为代数式、三角式和指数式, 例如 $\sqrt{3} + i = 2\left[\cos\left(\dfrac{\pi}{6}\right) + i\sin\left(\dfrac{\pi}{6}\right)\right] = 2e^{\frac{\pi}{6}i}$, 再如 $-1 = \cos\pi + i\sin\pi = e^{\pi i}$.

设 $z_1 = r_1(\cos\theta_1 + i\sin\theta_1), z_2 = r_2(\cos\theta_2 + i\sin\theta_2)$, 则

$$z_1 \cdot z_2 = r_1 \cdot r_2((\cos\theta_1\cos\theta_2 - \sin\theta_1\sin\theta_2) + i(\sin\theta_1\cos\theta_2 + \cos\theta_1\sin\theta_2))$$
$$= r_1 \cdot r_2(\cos(\theta_1 + \theta_2) + i\sin(\theta_1 + \theta_2));$$

$$\dfrac{z_1}{z_2} = \dfrac{r_1}{r_2}(\cos(\theta_1 - \theta_2) + i\sin(\theta_1 - \theta_2)).$$

由此可见, 两个复数相乘, 乘积的模等于两个复数模的乘积, 乘积的辐角等于两个复数辐角之和; 两个复数相除, 商的模等于两个复数模的商, 商的辐角等于两个复数辐角之差.

$$\operatorname{Arg}(z_1 \cdot z_2) = \operatorname{Arg} z_1 + \operatorname{Arg} z_2, \operatorname{Arg}\left(\dfrac{z_1}{z_2}\right) = \operatorname{Arg} z_1 - \operatorname{Arg} z_2,$$

但 $\operatorname{Arg} z + \operatorname{Arg} z \neq 2\operatorname{Arg} z$.

1.1.3 棣莫弗公式

设 $z = r(\cos\theta + i\sin\theta), n \in \mathbb{N}^+$, 则 $z^n = r^n(\cos n\theta + i\sin n\theta)$, 由此可以得到棣莫弗公式:

$$\sqrt[n]{z} = \sqrt[n]{r}\left(\cos\dfrac{\theta + 2k\pi}{n} + i\sin\dfrac{\theta + 2k\pi}{n}\right), \quad k = 0, 1, 2, \cdots, n-1.$$

因此非零复数有 n 个 n 次方根, 例如, 1 有 3 个三次方根, 即 $1, -\dfrac{1}{2} \pm \dfrac{\sqrt{3}}{2}i$.

1.1.4 无穷远点与复球面

在复平面, 我们引入无穷远点, 记作 ∞（为了区分, 自然数的无穷大和实数的正无穷大都

用+∞表示），称作扩充复平面. 在扩充复平面上，规定其运算如下：

（1） $z+\infty=\infty+z=\infty, z-\infty=\infty-z=\infty, \dfrac{z}{\infty}=0, \dfrac{\infty}{z}=\infty, (z\neq\infty)$；

（2） $z\cdot\infty=\infty\cdot z=\infty, \dfrac{z}{0}=\infty, (z\neq 0)$.

对于 $\infty+\infty, \infty-\infty, \dfrac{\infty}{\infty}, \dfrac{0}{0}, 0\cdot\infty, \infty\cdot 0$，不规定其意义. 为了更好地理解无穷远点，引入复球面.

如图 1.2 所示，过复平面的原点作垂直复平面的轴，在此轴上以点 $\left(0,0,\dfrac{1}{2}\right)$ 为球心、以 $\dfrac{1}{2}$ 为半径作球，称这个球面为复球面，称点（0，0，1）为北极. 设过北极的射线分别交复球面与复平面的点为 (X,Y,Z) 和 (x,y)，则

$$X=\dfrac{x}{x^2+y^2+1}, Y=\dfrac{y}{x^2+y^2+1}, Z=\dfrac{x^2+y^2}{x^2+y^2+1}.$$

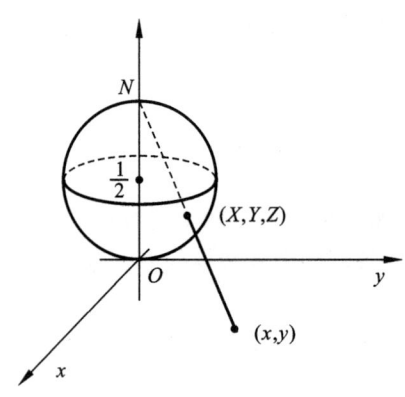

图 1.2

如果用复数 $x+iy$ 来对应复球面上的点 (X,Y,Z)，则无穷远点对应复球面的北极，这样我们就对无穷远点有了一个直观的认识.

 习题 1-1

1. 证明：$\sqrt{2}, e, \pi$ 是无理数.
2. 证明四元数满足乘法结合律. 试举出四元数的 n 次多项式多于 n 个不同的根的例子.
3. 求下列复数的实部、虚部、模与辐角.

（1）-1；（2）π；（3）$\dfrac{i}{2}$；（4）$1-\sqrt{3}i$；

（5）$\dfrac{1-i}{1+i}$；（6）$1-\cos\theta+i\sin\theta$.

4. 计算下列各式.

（1）$\dfrac{i}{1-i}$；（2）$\left(\dfrac{3+4i}{1-2i}\right)^2$.

5. 证明：$(1+\cos\theta+i\sin\theta)^n = 2^n\cos^n\dfrac{\theta}{2}\left(\cos\dfrac{n\theta}{2}+i\sin\dfrac{n\theta}{2}\right), n\in\mathbb{N}^+$.

6. 证明：若复数 c 是实系数方程 $a_n z^n + a_{n-1}z^{n-1} + a_{n-2}z^{n-2} + \cdots + a_0 = 0$ 的根，则它的共轭复数 $\bar{c}$ 也是该方程的根.

7. 求下列方程所有的根.

（1）$z^4 = 16$；（2）$z^3 + 8i = 0$.

1.2 复变函数

1.2.1 复平面上的点集

1. 复平面上点集的基本概念

设 A 为复数集合，有

（1）有界集：若 $\forall z \in A, \exists M > 0$，使得 $|z| \leqslant M$，则称 A 为有界集.

（2）无界集：若 $\forall M > 0, \exists z_0 \in A$，使得 $|z_0| > M$，则称 A 为无界集.

（3）邻域：称 $U(z_0, \rho) = \{z \mid |z-z_0| < \rho\}$ 为 z_0 的半径为 ρ 的邻域，称 $\overset{\circ}{U}(z_0, \rho) = \{z \mid 0 < |z-z_0| < \rho\}$ 为 z_0 的半径为 ρ 的去心邻域. 如果不考虑邻域半径，可简记为 $U(z_0), \overset{\circ}{U}(z_0)$.

（4）聚点：若 z_0 的任意去心邻域含有集合 A 的点，即 $\overset{\circ}{U}(z_0) \cap A \neq \varnothing$，则称 z_0 为 A 的聚点.

（5）孤立点：设 $z_0 \in A$，若存在 z_0 的去心邻域 $\overset{\circ}{U}(z_0)$，使得 $\overset{\circ}{U}(z_0) \cap A = \varnothing$，则称 z_0 为 A 的孤立点.

（6）内点：若存在 z_0 的邻域 $U(z_0)$，使得 $U(z_0) \subset A$，则称 z_0 为 A 的内点.

（7）外点：若存在 z_0 的邻域 $U(z_0)$，使得 $U(z_0) \cap A = \varnothing$，则称 z_0 为 A 的外点.

（8）边界点：若 z_0 的任意邻域既含有属于 A 的点又含有不属于 A 的点，则称 z_0 为 A 的边界点. A 的边界点之集记作 ∂A.

（9）开集：若 A 的每一点都是内点，则称 A 为开集.

（10）闭集：若 A 包含它的所有边界点，则称 A 为闭集. 可以证明，若 A 包含它的所有聚点，则 A 也为闭集.

（11）闭包：集合 A 并上它的边界称为 A 的闭包，记作 $\overline{A}$，即 $\overline{A} = A \cup \partial A (= A + \partial A)$.

接下来，我们介绍复平面上的曲线.

设 $z(t) = x(t) + iy(t)$（$\alpha \leqslant t \leqslant \beta$），称 $z(t)$ 为曲线. 若指定起点与终点，则称 $z(t)$ 为有向曲线.

若当 $t_1 \neq t_2$ 时，有 $z(t_1) \neq z(t_2)$，则称 $z(t)$ 为简单曲线. 若简单曲线满足 $z(\alpha) = z(\beta)$，则称 $z(t)$ 为简单闭曲线. 若曲线 $z(t)$ 实部的导数 $x'(t)$ 和虚部的导数 $y'(t)$ 都连续，且 $z'(t) = x'(t) + \mathrm{i}y'(t) \neq 0$，则称 $z(t)$ 为光滑曲线. 逐段光滑的简单闭曲线称为围线.

直线不是复平面上的闭曲线，直线可以看作扩充复平面上的闭曲线，并且是一个特殊的圆（参看第 6 章第 2 节的保圆性内容）.

设集合 A 内存在点 $z_1, z_2, \cdots, z_n$，使得线段 $z_i z_{i+1}$ ($i = 1, 2, \cdots, n-1$) 含在 A 内，则称 A 内存在连接 z_1 与 z_n 的折线. 若 A 内任意两点存在含于 A 内连接它们的折线，则称 A 连通.

若集合 A 是连通的开集，则称 A 为开区域，简称区域. 区域 A 并上它的边界，称为闭区域.

设 A 是复平面上的区域，若 A 内的任意简单闭曲线的内部都含在 A 内，则称 A 是单连通区域，非单连通的区域称为复连通区域.

2. 几个重要定理

下面介绍几个重要定理. 为了叙述方便，我们引入直径的概念.

定义 1.1 设 A 为复数集合，A 的直径定义为 $\sup\limits_{z_1, z_2 \in A} |z_1 - z_2|$ 记作 $\phi(A)$.

定理 1.1 有界无穷点集至少有一个聚点.

定理 1.2 设 $A_n, n = 1, 2, 3, \cdots$ 是一列有界闭集，$\forall n, A_n \supset A_{n+1}$ 当 $n \to +\infty$ 时，$\phi(A_n) \to 0$，则必存在唯一的点 z_0，使得 $\forall n, z_0 \in A_n$.

定理 1.3 设 A 是有界闭集，集族 $\mathscr{A} = \{A_n \mid n = 1, 2, 3, \cdots\}$ 是 A 的开覆盖（即 $\forall n, A_n$ 是开集，且 $A \subset \bigcup\limits_{n=1}^{+\infty} A_n$），则此开覆盖必存在有限个开集，使得这有限个开集覆盖 A，即有界闭集的任意开覆盖必存在有限子覆盖.

若集合 A 的任意一个开覆盖存在有限子覆盖，则称 A 为紧集.

定理 1.4 复数集合 A 是紧集的充分必要条件为它是有界闭集.

1.2.2 复变函数的定义

定义 1.2 设 A, B 是非空的复数集合，如果按照某种确定的对应法则 f，使得对于集合 A 中的每一个复数 z，在集合 B 中都有唯一确定的复数 w 与之对应，那么则称 $f: A \to B$ 是从 A 到 B 的复变函数，简称函数，记作 $w = f(z)$.

其中，z 称为自变量，z 的取值范围 A 称为 f 的定义域，记作 D_f. 与 z 相对应的 w 称为函数值，记作 $f(z)$. 函数值的集合 $\{f(z) \mid z \in A\}$，称为 f 的值域，记作 R_f. 若 $R_f = B$，则称 f 为满射. 若任意 $z_1, z_2 \in A, z_1 \neq z_2$，有 $f(z_1) \neq f(z_2)$，则称 f 为单射，也称 f 是单叶的. 有时每个 $z \in A$，有多个 $w \in B$ 与之对应，则称 $w = f(z)$ 为多值函数. 相对于多值函数，"函数"也称单值函数.

复变函数的图像无法直接画出来，我们可以通过 z 平面的曲线映射到 w 平面的曲线来观察它的几何性质. 例如 $w = z^2$，它可以将 z 平面平行于虚轴的直线 $z(t) = a + t\mathrm{i}$ 映射为 w 平面上

的抛物线 $w(t)=a^2-t^2+2ati$，且把虚轴这条直线映射为负实轴这条射线，其中 a 为常量，t 为参数变量（见图 1.3、图 1.4）.

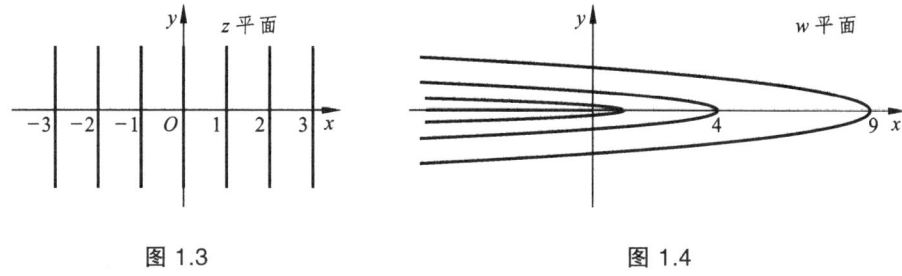

图 1.3　　　　　　　　　　　　图 1.4

1.2.3　复变函数的极限与连续

设 $\{z_n\}$ 为复数数列，若 $\forall \varepsilon>0$，存在正整数 N，当 $n>N$ 时，有 $|z_n-z_0|<\varepsilon$，则称 $\{z_n\}$ 的极限为 z_0，记作 $\lim\limits_{n\to+\infty}z_n=z_0$. 对于函数 $w=f(z)$，若 $\forall \varepsilon>0$，存在 $\delta>0$，当 $z\in \overset{\circ}{U}(z_0,\delta)$ 时，有 $|f(z)-w_0|<\varepsilon$，则称 $f(z)$ 在 z_0 的极限为 w_0，记作 $\lim\limits_{z\to z_0}f(z)=w_0$. 显然极限具有唯一性，并且具有四则运算与复合运算的相关性质，这里不再赘述.

若 $\lim\limits_{z\to z_0}f(z)=f(z_0)$，则称函数 $w=f(z)$ 在点 z_0 连续，若函数 $w=f(z)$ 在 A 上每一点都连续，则称 $w=f(z)$ 在 A 上是连续函数. 若 $\forall \varepsilon>0$，存在 $\delta>0$，当 $z_1,z_2\in A,|z_1-z_2|<\delta$ 时，有 $|f(z_1)-f(z_2)|<\varepsilon$，则称 $w=f(z)$ 在 A 上一致连续.

复变函数的极限与连续和实变函数的极限与连续有一些相似的性质：

性质 1.3　设 $\lim\limits_{z\to z_0}f(z)=w_0$，即 $f(z)$ 在点 z_0 极限存在 $(\ne\infty)$，则 $f(z)$ 在点 z_0 的某一去心邻域内是有界的. 若函数 $f(z)$ 连续，则 $f(z)$ 局部有界.

性质 1.4　设函数 $f(z)$ 在点 z_0 连续，且 $f(z_0)\ne 0$，则 $f(z)$ 在点 z_0 的某一邻域内恒不为零.

连续函数在有界闭集上有一些经典的结论.

定理 1.5　设函数 $w=f(z)$ 在有界闭集 A 上连续，则

（1）$f(z)$ 在 A 上为有界函数；

（2）$|f(z)|$ 在 A 上能取到最大值和最小值；

（3）$f(z)$ 在 A 上一致连续.

对于多值函数 $w=f(z)$，若当动点 z 在定点 z_0 的充分小邻域内，沿着一条简单闭曲线连续变动一周后回到出发点时，多值函数的值从一个变到另一个，则称点 z_0 为函数 $w=f(z)$ 的支点. 连接支点的简单连续曲线称为支割线. 多值函数在支割线的两侧取值不同，习惯上称支割线的两侧为两岸，通常分为上岸与下岸或左岸与右岸.

例如辐角函数 $\operatorname{Arg}z$ 是一个多值函数，当 z 绕包含 0 或无穷远点的某个圆一周时，$\operatorname{Arg}z$ 的取值增加或减少 2π，而绕包含其他点充分小的某个圆一周时，$\operatorname{Arg}z$ 的取值不变，所以 0 和

无穷远点都是 Arg z 的支点，而其他点都不是支点．将连接 0 与无穷远点的正实轴割破，并且确定某一点的辐角值，则根据该点的辐角值可以连续的唯一确定 Arg z 在其他点的值，所以 Arg z 在割破的复平面上成为单值函数，称其为 Arg z 的单值分支．由于支割线的选取不同，确定某一点的辐角值也不同，所以 Arg z 的单值分支有无穷个．

例如我们割破正虚轴（见图 1.5），取 Arg$(-2) = \pi$，则 Arg z 在割破的复平面上是一个单值函数，Arg$(-\mathrm{i}) = \dfrac{3\pi}{2}$，在支割线的左岸 Arg$(\mathrm{i}) = \dfrac{\pi}{2}$，在支割线的右岸 Arg$(\mathrm{i}) = \dfrac{5\pi}{2}$．如果割破负实轴，取 Arg$(1) = 0$，则 Arg z 在割破的复平面上也是一个单值函数，取值为 arg z．

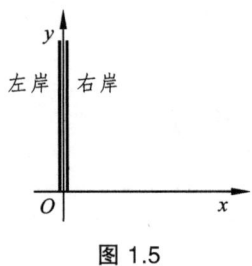

图 1.5

 习题 1-2

1. 指出满足下列条件的点的轨迹是什么图形？是否是区域？

（1） $-1 < \operatorname{Re} z < 1$；

（2） $-\dfrac{\pi}{2} < \operatorname{Im} z < \dfrac{\pi}{2}$；

（3） $|z| < 1$；

（4） $0 < \arg z < \dfrac{\pi}{4}, z \neq 0$；

（5） $|z| \leqslant |z - 4|$；

（6） $|z - 1| + |z - \mathrm{i}| = 2$．

2. 函数 $w = \dfrac{1}{z}$ 将 z 平面上的下列曲线变成 w 平面上的什么曲线 $(z = x + \mathrm{i}y, w = u + \mathrm{i}v)$？

（1） $x^2 + y^2 = 4$；

（2） $y = x$；

（3） $x = 1$；

（4） $x^2 - 2x + y^2 = 0$．

3. 设 $f(z) = \dfrac{1}{1 + z^2}$，试问在 $|z| < 1$ 时该函数是否连续，是否一致连续？

2 解析函数

2.1 初等函数

2.1.1 根式函数

设 n 是大于 1 的正整数，称 $w = \sqrt[n]{z}$ 为根式函数，由棣莫弗公式可知，根式函数为多值函数. 0 和无穷远点是它的支点.

设 $z = r(\sin\theta + \mathrm{i}\cos\theta)$，取负实轴为支割线，取 z 的辐角 θ 为主辐角，记 $w_k = (\sqrt[n]{z})_k = \sqrt[n]{r}\left(\cos\dfrac{\theta + 2k\pi}{n} + \mathrm{i}\sin\dfrac{\theta + 2k\pi}{n}\right), k = 0, 1, 2, \cdots, n-1$. 则 w_k 为单值函数，称为根式函数的单值分支. 其中 w_0 称为根式函数的主支.

例 2.1 求 $\left(\dfrac{-2+\mathrm{i}}{1+2\mathrm{i}}\right)^{\frac{1}{3}}$ 的值.

解

$$\left(\dfrac{-2+\mathrm{i}}{1+2\mathrm{i}}\right)^{\frac{1}{3}} = \left(\dfrac{(-2+\mathrm{i})(1-2\mathrm{i})}{(1+2\mathrm{i})(1-2\mathrm{i})}\right)^{\frac{1}{3}} = \left(\dfrac{5\mathrm{i}}{5}\right)^{\frac{1}{3}}$$

$$= \mathrm{i}^{\frac{1}{3}}$$

$$= \left(\cos\dfrac{\pi}{2} + \mathrm{i}\sin\dfrac{\pi}{2}\right)^{\frac{1}{3}}$$

$$= \cos\dfrac{\dfrac{\pi}{2} + 2k\pi}{3} + \mathrm{i}\sin\dfrac{\dfrac{\pi}{2} + 2k\pi}{3}, k = 0, 1, 2.$$

该式的值有 3 个：

$$\cos\dfrac{\pi}{6} + \mathrm{i}\sin\dfrac{\pi}{6} = \dfrac{\sqrt{3}}{2} + \dfrac{1}{2}\mathrm{i},$$

$$\cos\frac{5\pi}{6}+\mathrm{i}\sin\frac{5\pi}{6}=-\frac{\sqrt{3}}{2}+\frac{1}{2}\mathrm{i},$$

$$\cos\frac{3\pi}{2}+\mathrm{i}\sin\frac{3\pi}{2}=-\mathrm{i}.$$

例 2.2 设 $w=\sqrt[3]{z}$ 是在割破负实轴的 z 平面上的单值分支，满足 $w(\mathrm{i})=-\mathrm{i}$，求 $w(-\mathrm{i})$ 的值. 如果是割破正实轴，再求 $w(-\mathrm{i})$ 的值.

解 设 $z=r(\cos\theta+\mathrm{i}\sin\theta)$，则

$$w_0=\sqrt[3]{r}\left(\cos\frac{\theta}{3}+\mathrm{i}\sin\frac{\theta}{3}\right),$$

$$w_1=\sqrt[3]{r}\left(\cos\frac{\theta+2\pi}{3}+\mathrm{i}\sin\frac{\theta+2\pi}{3}\right),$$

$$w_2=\sqrt[3]{r}\left(\cos\frac{\theta+4\pi}{3}+\mathrm{i}\sin\frac{\theta+4\pi}{3}\right).$$

因为

$$\mathrm{i}=\cos\frac{\pi}{2}+\mathrm{i}\sin\frac{\pi}{2},\ w_2(\mathrm{i})=\cos\frac{\frac{\pi}{2}+4\pi}{3}+\mathrm{i}\sin\frac{\frac{\pi}{2}+4\pi}{3}=-\mathrm{i}.$$

所以，

如果割破负实轴，有

$$-\mathrm{i}=\cos\left(-\frac{\pi}{2}\right)+\mathrm{i}\sin\left(-\frac{\pi}{2}\right),$$

$$w_2(-\mathrm{i})=\cos\frac{-\frac{\pi}{2}+4\pi}{3}+\mathrm{i}\sin\frac{-\frac{\pi}{2}+4\pi}{3}=-\frac{\sqrt{3}}{2}-\frac{1}{2}\mathrm{i}.$$

如果割破正实轴，有

$$-\mathrm{i}=\cos\frac{3\pi}{2}+\mathrm{i}\sin\frac{3\pi}{2},$$

$$w_2(-\mathrm{i})=\cos\frac{\frac{3\pi}{2}+4\pi}{3}+\mathrm{i}\sin\frac{\frac{3\pi}{2}+4\pi}{3}=\frac{\sqrt{3}}{2}-\frac{1}{2}\mathrm{i}.$$

2.1.2 指数函数与对数函数

我们称 $w=\mathrm{e}^z$（$z\in\mathbb{C}$）为指数函数.
设 $z=x+\mathrm{i}y$，则

$$\mathrm{e}^z=\mathrm{e}^{x+\mathrm{i}y}=\mathrm{e}^x\cdot\mathrm{e}^{\mathrm{i}y}=\mathrm{e}^x(\cos y+\mathrm{i}\sin y).$$

设 $z_1,z_2\in\mathbb{C}$，则

$$\mathrm{e}^{z_1+z_2}=\mathrm{e}^{z_1}\cdot\mathrm{e}^{z_2},\ \mathrm{e}^{z_1-z_2}=\frac{\mathrm{e}^{z_1}}{\mathrm{e}^{z_2}}.$$

因为 $e^{z+2\pi i} = e^z \cdot e^{2\pi i} = e^z \cdot 1 = e^z$，所以指数函数 $w = e^z$ 是以 $2\pi i$ 为周期的周期函数.

例 2.3 求 $e^{-3+\frac{\pi}{4}i}$ 的值.

解
$$e^{-3+\frac{\pi}{4}i} = e^{-3}\left(\cos\frac{\pi}{4} + i\sin\frac{\pi}{4}\right)$$
$$= \frac{\sqrt{2}(1+i)}{2e^3}.$$

设 $z = e^w$，则 w 关于自变量 z 是一个多值函数，称为对数函数，记作 $w = \text{Ln } z$.

设 $w = u + iv, z = re^{i\theta}$，若 $z = e^w$，则 $re^{i\theta} = e^{u+iv} = e^u \cdot e^{iv}$，即 $u = \ln r, v = \theta + 2k\pi, (k \in \mathbb{Z})$.

故 $\text{Ln } z = \ln|z| + i\text{Arg } z$.

对数函数 $w = \text{Ln } z$ 有多个单值分支，称其中的 $\ln|z| + i\arg z$ 为主支，记作 $\ln z$.

注：$\text{Ln}(z_1 \cdot z_2) = \text{Ln } z_1 + \text{Ln } z_2, \text{Ln}\left(\dfrac{z_1}{z_2}\right) = \text{Ln } z_1 - \text{Ln } z_2$，但 $\text{Ln } z + \text{Ln } z \neq 2\text{Ln } z, z, z_1, z_2 \in \mathbb{C}$.

例 2.4 求 $\text{Ln}(-1)$ 的值.

解
$$\text{Ln}(-1) = \ln 1 + i(\pi + 2k\pi)$$
$$= i(\pi + 2k\pi), k \in \mathbb{Z}.$$

例 2.5 求 $\text{Ln}(1+i)$ 的值.

解
$$\text{Ln}(1+i) = \ln\sqrt{2} + i\left(\frac{\pi}{4} + 2k\pi\right), k \in \mathbb{Z}.$$

设 $a \in \mathbb{C}, a \neq 0, a \neq 1$，称 $w = a^z$ 为一般指数函数. 它的定义如下：设 $z \in \mathbb{C}$，有
$$a^z = e^{z\text{Ln } a}.$$

当 $a > 0$ 时，规定 $a^z = e^{z\ln a}$. 一般指数函数中，如果 $a = e$，则一般指数函数的定义与指数函数的定义是一致的.

例 2.6 求 2^{1+i} 的值.

解
$$2^{1+i} = e^{(1+i)\ln 2}$$
$$= e^{\ln 2 + i\ln 2}$$
$$= 2(\cos\ln 2 + i\sin\ln 2).$$

例 2.7 求 i^i 的值.

解
$$i^i = e^{i\text{Ln } i}$$
$$= e^{i\left[\ln 1 + \left(\frac{\pi}{2} + 2k\pi\right)i\right]}$$
$$= e^{-\left(\frac{\pi}{2} + 2k\pi\right)}, k \in \mathbb{Z}.$$

2.1.3 三角函数与反三角函数

设 $x \in \mathbb{R}$, 则
$$e^{ix} = (\cos x + i\sin x), e^{-ix} = (\cos x - i\sin x),$$
整理得
$$\sin x = \frac{e^{ix} - e^{-ix}}{2i}, \cos x = \frac{e^{ix} + e^{-ix}}{2}.$$

由此引入复数集上三角函数的定义. 设 $z \in \mathbb{C}$, 有

正弦函数 $\sin z = \dfrac{e^{iz} - e^{-iz}}{2i}$,

余弦函数 $\cos z = \dfrac{e^{iz} + e^{-iz}}{2}$,

正切函数 $\tan z = \dfrac{e^{iz} - e^{-iz}}{(e^{iz} + e^{-iz})i}$,

余切函数 $\cot z = \dfrac{(e^{iz} + e^{-iz})i}{e^{iz} - e^{-iz}}$,

正割函数 $\sec z = \dfrac{2}{e^{iz} + e^{-iz}}$,

余割函数 $\csc z = \dfrac{2i}{e^{iz} - e^{-iz}}$.

三角函数都是周期函数, 其中 $\sin z, \cos z, \sec z, \csc z$ 的周期为 2π, $\tan z, \cot z$ 的周期为 π. 一般在实数域上成立的三角函数公式, 在复数域上也成立, 例如:
$$\sin(z_1 + z_2) = \sin z_1 \cos z_2 + \cos z_1 \sin z_2,$$
$$\cos(z_1 + z_2) = \cos z_1 \cos z_2 - \sin z_1 \sin z_2.$$

这一结论可以直接进行验证, 也可以由推论 4.3 得到.

由定义可得 $\cos i = \dfrac{e^{-1} + e}{2} \approx 1.5431$, 这表明定义在复数集上的余弦函数取值为实数时可以大于 1. 事实上, 正弦函数的取值为实数时也可以大于 1.

例 2.8 求 $\sin(1+2i)$ 的值.

解
$$\sin(1+2i) = \frac{e^{i(1+2i)} - e^{-i(1+2i)}}{2i}$$
$$= \frac{e^{-2+i} - e^{2-i}}{2i}$$
$$= \frac{e^{-2}(\cos 1 + i\sin 1) - e^{2}(\cos 1 - i\sin 1)}{2i}$$
$$= \frac{e^{-2} + e^{2}}{2}\sin 1 + \frac{e^{-2} - e^{2}}{2i}\cos 1$$
$$= \frac{e^{-2} + e^{2}}{2}\sin 1 + i\frac{e^{2} - e^{-2}}{2}\cos 1.$$

设 $z = \sin w$，则 w 关于自变量 z 是一个多值函数，称为反正弦函数，记作 $w = \operatorname{Arcsin} z$.
因为 $z = \dfrac{e^{iw} - e^{-iw}}{2i}$，所以 $\operatorname{Arcsin} z = \dfrac{1}{i} \operatorname{Ln}(iz + \sqrt{1-z^2})$.
这里需要强调的是，对数函数与根式函数都是多值函数.
同理定义反余弦函数、反正切函数、反余切函数如下：设 $z \in \mathbb{C}$，有

$$\operatorname{Arccos} z = \frac{1}{i} \operatorname{Ln}(z + \sqrt{z^2 - 1}), \quad \operatorname{Arctan} z = -\frac{i}{2} \operatorname{Ln} \frac{1 + iz}{1 - iz}, \quad \operatorname{Arccot} z = \frac{i}{2} \operatorname{Ln} \frac{z - i}{z + i}.$$

例 2.9 求 $\operatorname{Arcsin} 2$ 的值.

解
$$\begin{aligned}
\operatorname{Arcsin} 2 &= \frac{1}{i} \operatorname{Ln}(i \cdot 2 + \sqrt{1 - 2^2}) \\
&= \frac{1}{i} \operatorname{Ln}(2i \pm \sqrt{3} i) \\
&= \frac{1}{i}\left[\ln(2 \pm \sqrt{3}) + i\left(\frac{\pi}{2} + 2k\pi\right)\right] \\
&= \frac{\pi}{2} + 2k\pi - i \ln(2 \pm \sqrt{3}), k \in \mathbb{Z}.
\end{aligned}$$

例 2.10 求 $\operatorname{Arctan} \dfrac{i}{3}$ 的值.

解
$$\begin{aligned}
\operatorname{Arctan} \frac{i}{3} &= -\frac{i}{2} \operatorname{Ln} \frac{1 - \dfrac{1}{3}}{1 + \dfrac{1}{3}} \\
&= -\frac{i}{2} \operatorname{Ln} \frac{1}{2} \\
&= -\frac{i}{2}\left(\ln \frac{1}{2} + 2k\pi i\right) \\
&= k\pi + \frac{\ln 2}{2} i, k \in \mathbb{Z}.
\end{aligned}$$

2.1.4 双曲函数与反双曲函数

双曲函数的定义如下：设 $z \in \mathbb{C}$，有

双曲正弦函数 $\sinh z = \dfrac{e^z - e^{-z}}{2}$，

双曲余弦函数 $\cosh z = \dfrac{e^z + e^{-z}}{2}$，

双曲正切函数 $\tanh z = \dfrac{e^z - e^{-z}}{e^z + e^{-z}}$，

双曲余切函数 $\coth z = \dfrac{e^z + e^{-z}}{e^z - e^{-z}}$,

双曲正割函数 $\operatorname{sech} z = \dfrac{2}{e^z + e^{-z}}$,

双曲余割函数 $\operatorname{csch} z = \dfrac{2}{e^z - e^{-z}}$.

双曲函数都是周期函数,其中 $\sinh z, \cosh z, \operatorname{sech} z, \operatorname{csch} z$ 的周期为 $2\pi i$, $\tanh z, \coth z$ 的周期为 πi.

例 2.11 求 $\cosh i$ 的值.

解
$$\cosh i = \frac{e^i + e^{-i}}{2}$$
$$= \frac{(\cos 1 + i \sin 1) + (\cos(-1) + i \sin(-1))}{2}$$
$$= \cos 1.$$

双曲函数的反函数是多值函数,其定义如下:设 $z \in \mathbb{C}$,有

反双曲正弦函数 $\operatorname{Arcsinh} z = \operatorname{Ln}(z + \sqrt{z^2 + 1})$,

反双曲余弦函数 $\operatorname{Arccosh} z = \operatorname{Ln}(z + \sqrt{z^2 - 1})$,

反双曲正切函数 $\operatorname{Arctanh} z = \dfrac{1}{2} \operatorname{Ln} \dfrac{1+z}{1-z}$,

反双曲余切函数 $\operatorname{Arccoth} z = \dfrac{1}{2} \operatorname{Ln} \dfrac{z+1}{z-1}$.

2.1.5 幂函数

设 $\alpha \in \mathbb{C}$,称 $w = z^\alpha$ 为一般幂函数. 它的定义如下:设 $z \in \mathbb{C}$,有

$$z^\alpha = e^{\alpha \operatorname{Ln} z}.$$

一般幂函数中,如果 α 取 $\dfrac{1}{n}$,n 为大于 1 的正整数,则 $w = z^\alpha$ 即为根式函数. 如果 α 取正整数,则 $w = z^\alpha$ 为单值函数.

例 2.12 求 $(1+i)^i$ 的值.

解
$$(1+i)^i = e^{i \operatorname{Ln}(1+i)} = e^{i\left[\ln\sqrt{2} + \left(\frac{\pi}{4} + 2k\pi\right)i\right]}$$
$$= e^{-\left(\frac{\pi}{4} + 2k\pi\right) + i \ln\sqrt{2}}$$
$$= e^{-\left(\frac{\pi}{4} + 2k\pi\right)}(\cos \ln \sqrt{2} + i \sin \ln \sqrt{2}), k \in \mathbb{Z}.$$

习题 2-1

1. 试求：

(1) $e^{2-\frac{\pi}{2}i}$； (2) 3^i；

(3) 3^{3-i}； (4) $(2i)^i$；

(5) $\text{Ln}(-5i)$； (6) $\text{Ln}(3-\sqrt{3}i)$；

(7) $\sin(3+4i)$； (8) $\tanh i$；

(9) $\text{Arcsin}3$； (10) $\text{Arctan}2i$.

2. 试证：

(1) $\sin(iz) = i\sinh z$； (2) $\sinh(iz) = i\sin z$；

(3) $\cos(iz) = \cosh z$； (4) $\cosh(iz) = \cos z$；

(5) $\tan(iz) = i\tanh z$； (6) $\tanh(iz) = i\tan z$.

3. 设 $z = x+iy$，试证：

(1) $\sin z = \sin x \cdot \cosh y + i\cos x \cdot \sinh y$；

(2) $\cos z = \cos x \cdot \cosh y - i\sin x \cdot \sinh y$.

4. 设 $w = \sqrt[3]{z}$ 是在割破负实轴的 z 平面上的单值分支，满足 $w(-2) = -\sqrt[3]{2}$（这是边界上岸点对应的函数值），求 $w(-i)$ 的值.

5. 试举反例，使等式 $(a^\alpha)^\beta = a^{\alpha\beta}$ 不成立.

2.2 解析函数

解析函数具有很多良好的性质. 这些良好的性质使得复变函数的理论趋于完美. 本书主要的研究对象就是解析函数.

2.2.1 复导数的定义

定义 2.1 设函数 $w = f(z)$ 的定义域为 $D, z_0, z_0 + \Delta z \in D$ 若

$$\lim_{\Delta z \to 0} \frac{f(z_0+\Delta z) - f(z_0)}{\Delta z}$$

存在，则称函数 $w = f(z)$ 在点 z_0 可导，并称此极限为函数 $w = f(z)$ 在点 z_0 的导数，记作 $f'(z_0)$ 或 $\dfrac{dw}{dz}\bigg|_{z=z_0}$.

若函数 $w=f(z)$ 在 D 上每一点都可导, 则称 $w=f(z)$ 在 D 上可导. 若在 D 上取 $w=f(z)$ 的导数值, 可以得到一个新函数, 称其为导函数, 简称导数, 记作 $f'(z)$ 或 $\dfrac{\mathrm{d}w}{\mathrm{d}z}$. 若函数 $w=f(z)$ 的 $(n-1)$ 阶导数仍可导, 则称其导数为 $f(z)$ 的 n 阶导数, 记作 $f^{(n)}(z)$ 或 $\dfrac{\mathrm{d}^n w}{\mathrm{d}z^n}$.

例 2.13 求函数 $f(z)=z^2$ 的导数.

解 $(z^2)' = \lim\limits_{\Delta z \to 0} \dfrac{(z+\Delta z)^2 - z^2}{\Delta z} = \lim\limits_{\Delta z \to 0} \dfrac{2z\Delta z + (\Delta z)^2}{\Delta z} = \lim\limits_{\Delta z \to 0} (2z + \Delta z) = 2z.$

例 2.14 证明函数 $f(z)=\bar{z}$ 在复平面上处处不可导.

证明 设 $z = x + \mathrm{i}y$, 则

$$f'(z) = \lim_{\Delta z \to 0} \dfrac{[(x+\Delta x) - (y+\Delta y)\mathrm{i}] - (x - \mathrm{i}y)}{\Delta x + \mathrm{i}\Delta y} = \lim_{\Delta z \to 0} \dfrac{\Delta x - \mathrm{i}\Delta y}{\Delta x + \mathrm{i}\Delta y}$$

当 $\Delta x = 0, \Delta y \to 0$ 时, 极限为 -1, 当 $\Delta y = 0, \Delta x \to 0$ 时, 极限为 1, 所以导数不存在, 即函数 $f(z)=\bar{z}$ 在复平面上处处不可导.

证毕.

在实数域上构造处处连续但处处不可导的函数极其困难, 但在复数域里构造处处连续但处处不可导的函数却非常容易.

设 $w=f(z)$ 在 D 上可导, 则 $\forall z \in D$, 极限 $\lim\limits_{\Delta z \to 0} \dfrac{f(z+\Delta z) - f(z)}{\Delta z}$ 存在, 所以

$$\lim_{\Delta z \to 0} f(z+\Delta z) - f(z) = 0,$$

即

$$\lim_{\Delta z \to 0} f(z+\Delta z) = f(z),$$

故 $w=f(z)$ 在 D 上连续. 即可导必连续.

2.2.2 复导数的运算法则

根据导数的定义, 可以得到导数的四则运算与复合运算的法则.

性质 2.1 设 $w=f(z)$, $w=g(z)$ 在 D 上可导, 则 $f(z)+g(z), f(z)-g(z), f(z)g(z), \dfrac{f(z)}{g(z)}$ $(g(z) \neq 0), f(g(z))$ 可导, 并且有

（1）$(f(z)+g(z))' = f'(z) + g'(z)$;

（2）$(f(z)-g(z))' = f'(z) - g'(z)$;

（3）$(f(z)g(z))' = f'(z)g(z) + f(z)g'(z)$;

（4）$\left(\dfrac{f(z)}{g(z)}\right)' = \dfrac{f'(z)g(z) - f(z)g'(z)}{g^2(z)}$;

（5）$(f(g(z)))' = f'(g(z))g'(z)$.

关于反函数的求导法则，将用到后面的知识，我们在第 6 章再予以介绍，详见定理 6.4.

2.2.3 复变函数的微分

定义 2.2 设函数 $w = f(z)$ 的定义域为 $D, z_0, z \in D$，记 $\Delta z = z - z_0, \Delta w = f(z_0 + \Delta z) - f(z_0)$，若存在常数 A，使得 $\Delta w = A\Delta z + o(\Delta z)$，则称 $w = f(z)$ 在点 z_0 可微，称 $A\Delta z$ 为 $w = f(z)$ 在点 z_0 的微分，记作 $\mathrm{d}w$，其中 $o(\Delta z)$ 是当 Δz 趋于 0 时，Δz 的高阶无穷小.

函数 $w = f(z)$ 在点 z_0 可微的充分必要条件是函数 $w = f(z)$ 在点 z_0 可导，于是 $\mathrm{d}w = f'(z)\mathrm{d}z$.

2.2.4 柯西-黎曼方程

定义 2.3 设函数 $w = f(z)$ 在点 z_0 的某邻域内处处可导，则称点 z_0 为解析点，否则称为奇点. 若函数 $w = f(z)$ 在区域 D 上每一点都解析，则称 $w = f(z)$ 在 D 上解析. 在区域 D 上解析的函数全体，记作 $H(D)$.

定理 2.1 设 $f(z) = u(x, y) + \mathrm{i}v(x, y)$. 函数 $w = f(z)$ 在区域 D 上解析的充分必要条件是下面两个条件：

（1）二元函数 $u(x, y), v(x, y)$ 都在 D 上可微；

（2）在 D 内任意一点 $(x, y), u_x = v_y, u_y = -v_x$.

其中，条件（2）中的两个等式称为柯西-黎曼方程，简记为 C-R 方程.

证明 记

$$\Delta w = \Delta u + \mathrm{i}\Delta v, \Delta z = \Delta x + \mathrm{i}\Delta y,$$
$$\Delta u = u(x + \Delta x, y + \Delta y) - u(x, y),$$
$$\Delta v = v(x + \Delta x, y + \Delta y) - v(x, y),$$
$$f'(z) = \alpha + \mathrm{i}\beta.$$

设 $o(\Delta z) = \eta_1 + \mathrm{i}\eta_2$，则

$$\eta_1 = o(\sqrt{\Delta x^2 + \Delta y^2}), \eta_2 = o(\sqrt{\Delta x^2 + \Delta y^2}).$$

必要性：（1）因为 $w = f(z)$ 在 D 上解析，所以 $f(z)$ 可微，于是

$$\Delta u + \mathrm{i}\Delta v = \Delta w$$
$$= f'(z)\Delta z + o(\Delta z)$$
$$= (\alpha + \mathrm{i}\beta)(\Delta x + \mathrm{i}\Delta y) + \eta_1 + \mathrm{i}\eta_2$$
$$= (\alpha\Delta x - \beta\Delta y + \eta_1) + \mathrm{i}(\beta\Delta x + \alpha\Delta y + \eta_2)$$

对比等式两端得

$$\Delta u = \alpha\Delta x - \beta\Delta y + \eta_1, \Delta v = \beta\Delta x + \alpha\Delta y + \eta_2,$$

所以 $u(x, y), v(x, y)$ 可微.

（2）因为 $w = f(z)$ 在 D 上解析，所以 $f'(z)$ 存在.
而
$$f'(z) = \lim_{\Delta z \to 0} \frac{\Delta w}{\Delta z} = \lim_{\Delta z \to 0} \frac{\Delta u + \mathrm{i}\Delta v}{\Delta x + \mathrm{i}\Delta y}.$$

当 $\Delta y = 0, \Delta x \to 0$ 时，$f'(z) = u_x + \mathrm{i}v_x$；

当 $\Delta x = 0, \Delta y \to 0$ 时，$f'(z) = v_y - \mathrm{i}u_y$.

所以 $u_x = v_y, u_y = -v_x$.

充分性：令 $\alpha = u_x = v_y, \beta = v_x = -u_y$. 因为 $u(x,y), v(x,y)$ 可微，于是
$$\begin{aligned}\Delta w &= \Delta u + \mathrm{i}\Delta v \\ &= (u_x\Delta x + u_y\Delta y + \eta_1) + \mathrm{i}(v_x\Delta x + v_y\Delta y + \eta_2) \\ &= (\alpha\Delta x - \beta\Delta y + \eta_1) + \mathrm{i}(\beta\Delta x + \alpha\Delta y + \eta_2) \\ &= (\alpha + \mathrm{i}\beta)(\Delta x + \mathrm{i}\Delta y) + \eta_1 + \mathrm{i}\eta_2 \\ &= f'(z)\Delta z + o(\Delta z)\end{aligned}$$

所以 $w = f(z)$ 可微. 又因 $w = f(z)$ 在 D 上任意一点可微，所以 $w = f(z)$ 在 D 上解析. 证毕.

通过定理 2.1，可以得到解析函数 $f(z) = u(x,y) + \mathrm{i}v(x,y)$ 的导数为
$$f'(z) = u_x + \mathrm{i}v_x = u_x - \mathrm{i}u_y = v_y + \mathrm{i}v_x = v_y - \mathrm{i}u_y.$$

例 2.15 讨论 $f(z) = x^2y + \mathrm{i}xy^2$ 的可微性与解析性.

解 由 $u_x = 2xy, u_y = x^2, v_x = y^2, v_y = 2xy$，若 $u_x = v_y, u_y = -v_x$，则 $x = 0, y = 0$，所以 $f(z)$ 仅在点 0 处可微，在任意点都不解析.

例 2.16 设 $f(z) = \mathrm{e}^x\cos y + \mathrm{i}\mathrm{e}^x\sin y$，证明 $f(z)$ 在整个复平面上解析，并求其导数.

解 因为 $u_x = \mathrm{e}^x\cos y = v_y, u_y = -\mathrm{e}^x\sin y = -v_x$，所以 $f(z)$ 在整个复平面上解析，且 $f'(z) = u_x + \mathrm{i}v_x = \mathrm{e}^x\cos y + \mathrm{i}\mathrm{e}^x\sin y$.

例 2.16 中，根据欧拉公式得 $(\mathrm{e}^z)' = \mathrm{e}^z$. 再由导数的运算法则可得 $(\sin z)' = \left(\dfrac{\mathrm{e}^{\mathrm{i}z} - \mathrm{e}^{-\mathrm{i}z}}{2\mathrm{i}}\right)' = \dfrac{\mathrm{i}\mathrm{e}^{\mathrm{i}z} + \mathrm{i}\mathrm{e}^{-\mathrm{i}z}}{2\mathrm{i}} = \dfrac{\mathrm{e}^{\mathrm{i}z} + \mathrm{e}^{-\mathrm{i}z}}{2} = \cos z$.

例 2.17 证明对数函数 $f(z) = \mathrm{Ln}\, z$ 在去掉点 0 的每个单值分支上解析，并求其导数.

解 我们只考虑复平面第一象限的点，其他情况类似可证.

设 $z = x + \mathrm{i}y$，则
$$\mathrm{Ln}\, z = \frac{1}{2}\ln(x^2 + y^2) + \mathrm{i}\left(\arctan\frac{y}{x} + 2k\pi\right), k \in \mathbb{Z}.$$

因为
$$u_x = \frac{x}{x^2 + y^2} = v_y, u_y = \frac{y}{x^2 + y^2} = -v_x,$$

所以 $f(z)$ 解析，且 $f'(z) = u_x + \mathrm{i}v_x = \dfrac{x - \mathrm{i}y}{x^2 + y^2} = \dfrac{\overline{z}}{|z|^2} = \dfrac{1}{z}$.

经过简单的计算，可以得到如下导数：

（1）$C' = 0, C$ 为常数；

（2）$(z^n)' = nz^{n-1}, n \in \mathbb{N}^+$；

（3）$\dfrac{\mathrm{d}}{\mathrm{d}z}(\sqrt[n]{z})_k = \dfrac{1}{n}\dfrac{(\sqrt[n]{z})_k}{z}, k = 0,1,2,\cdots,n-1, n \in \mathbb{N}^+$；

（4）$(\mathrm{e}^z)' = \mathrm{e}^z$；

（5）$(\mathrm{Ln}\,z)' = \dfrac{1}{z}$；

（6）$(\sin z)' = \cos z$；

（7）$(\cos z)' = -\sin z$；

（8）$(\sinh z)' = \cosh z$；

（9）$(\cosh z)' = \sinh z$.

例 2.18 设 $f(z) \in H(D)$，试证 $\overline{f(z)} \in H(D)$ 等价于 $f(z)$ 是常数.

证明 设 $f(z) = u(x,y) + \mathrm{i}v(x,y)$. 因为 $f(z) \in H(D)$，所以 $u_x = v_y, u_y = -v_x$.

若 $\overline{f(z)} \in H(D)$，则 $u_x = -v_y, u_y = v_x$，于是 $u_x = u_y = v_x = v_y = 0$，所以 $f(z)$ 是常数.

反之，若 $f(z)$ 是常数，则显然 $\overline{f(z)} \in H(D)$.

证毕.

2.2.5 调和函数

设 $f(z) = u(x,y) + \mathrm{i}v(x,y)$. 若 $f(z)$ 解析，则二元函数 $u(x,y), v(x,y)$ 满足 C-R 方程：$u_x = v_y, u_y = -v_x$. 如果 $u(x,y), v(x,y)$ 二阶可导并且二阶导数连续，则 $u_{xx} = v_{yx}, u_{yy} = -v_{xy}$，且 $v_{yx} = v_{xy}$，于是 $u_{xx} + u_{yy} = 0$. 同理可得 $v_{xx} + v_{yy} = 0$. 如果用拉普拉斯算子 $\Delta = \dfrac{\partial^2}{\partial x^2} + \dfrac{\partial^2}{\partial y^2}$ 表示，即 $\Delta u = 0, \Delta v = 0$.

定义 2.4 设二元函数 $H(x,y)$ 满足拉普拉斯方程 $\Delta H = 0$，则称 $H(x,y)$ 为调和函数. 若 $u(x,y), v(x,y)$ 是调和函数，且满足 C-R 方程，则称 $u(x,y), v(x,y)$ 是共轭调和函数.

设 $f(z) = u(x,y) + \mathrm{i}v(x,y)$. 若 $u(x,y), v(x,y)$ 是共轭调和函数，则 $f(z)$ 解析. 反之，若 $f(z)$ 解析，且 $u(x,y), v(x,y)$ 二阶可导并且二阶导数连续，则 $u(x,y), v(x,y)$ 是共轭调和函数. 事实上，根据定理 3.8，$f(z)$ 解析蕴含着 $u(x,y), v(x,y)$ 二阶可导并且二阶导数连续. 这样就得到，$f(z)$ 解析当且仅当 $u(x,y), v(x,y)$ 是共轭调和函数.

定理 2.2 设 $u(x,y)$ 是单连通区域上的调和函数，则其共轭调和函数 $v(x,y)$ 可由如下公式确定：

$$\int_{(x_0, y_0)}^{(x,y)} -u_2' \mathrm{d}s + u_1' \mathrm{d}t + C.$$

其中，(x_0, y_0) 是 D 内一个定点，(x,y) 是 D 内的动点，C 为常数，为了避免积分变量与积分限混淆，引入积分变量 (s,t)，(s,t) 的取值范围从 (x_0, y_0) 到 (x,y).

例 2.19 设在复平面上有 $u(x,y)=2x$, 试求解析函数 $f(z)=u(x,y)+\mathrm{i}v(x,y)$, 使得 $f(0)=0$.

解 因为 $u_{xx}=0, u_{yy}=0$, 所以 $u(x,y)$ 是复平面上的调和函数. 它的共轭调和函数为

$$\int_{(0,0)}^{(x,y)} -0\mathrm{d}s + 2\mathrm{d}t + C = \int_0^y 2\mathrm{d}t + C = 2y + C,$$

所以

$$f(z) = 2x + (2y+C)\mathrm{i}.$$

又 $f(0)=0$, 故 $C=0$, 于是

$$f(z) = 2x + 2\mathrm{i}y = 2z.$$

习题 2-2

1. 设 $f(z)$ 与 $g(z)$ 在点 a 解析, 且有 $f(a)=g(a)=0, g'(a)\neq 0$. 试证:

$$\lim_{z\to 0}\frac{f(z)}{g(z)} = \frac{f'(a)}{g'(a)}.$$

2. 求下列极限:

（1） $\lim\limits_{z\to 0}\dfrac{\sin z}{z}$;

（2） $\lim\limits_{z\to 0}\dfrac{\mathrm{e}^z-1}{z}$;

（3） $\lim\limits_{z\to 0}\dfrac{z-z\cos z}{z-\sin z}$.

3. 试判断下列函数的可微性和解析性:

（1） $f(z) = xy^2 + \mathrm{i}x^2y$;

（2） $f(z) = x^2 + \mathrm{i}y^2$;

（3） $f(z) = 2x^3 + 3\mathrm{i}y^3$;

（4） $f(z) = x^3 - 3xy^2 + \mathrm{i}(3x^2y - y^3)$.

4. 证明: 如果函数 $f(z)=u+\mathrm{i}v$ 在区域 D 上解析, 并满足下列条件之一, 那么 $f(z)$ 是常值函数.

（1） $f(z)$ 恒取实值;

（2） 在 D 上 $f'(z)=0$;

（3） $\overline{f(z)}$ 在 D 上解析;

（4） $|f(z)|$ 在 D 上是一个常数;

（5）$\operatorname{Re} f(z)$ 或 $\operatorname{Im} f(z)$ 在 D 上为常数；

（6）$au+bv=c$，其中 a,b 与 c 是不全为零的实常数．

5．试证下列函数在 z 平面上解析，并求其导数．

（1）$f(z)=x^3-3xy^2+3x^2y\mathrm{i}-y^3\mathrm{i}$；

（2）$f(z)=\mathrm{e}^x(x\cos y-y\sin y)+\mathrm{i}\mathrm{e}^x(y\cos y+x\sin y)$；

（3）$f(z)=\sin x\cdot\cosh y+\mathrm{i}\cos x\cdot\sinh y$；

（4）$f(z)=\cos x\cdot\cosh y-\mathrm{i}\sin x\cdot\sinh y$．

6．由下列函数求解析函数 $f(z)=u+\mathrm{i}v$．

（1）$u=x^3-3xy^2, f(\mathrm{i})=0$；

（2）$u=x^2-y^2+xy, f(\mathrm{i})=-1+\mathrm{i}$．

3 复变函数的积分

3.1 复积分

3.1.1 复积分的定义

定义 3.1 设函数 $w=f(z)$,有向曲线 $L: z(t)=x(t)+\mathrm{i}y(t)(\alpha \leqslant t \leqslant \beta)$,$a=z(\alpha)$ 为起点,$b=z(\beta)$ 为终点(见图 3.1)。在曲线 L 上依次任意取点 $z_1, z_2, \cdots, z_{n-1}$,并令 $z_0=a, z_n=b$. 任取 $\zeta_k \in \widehat{z_{k-1}z_k}$ $(k=1,2,\cdots,n)$.

记

$$\Delta z_k = z_k - z_{k-1}, \lambda = \max_{1 \leqslant k \leqslant n} \phi(\widehat{z_{k-1}z_k}), S_n = \sum_{k=1}^n f(\zeta_k)\Delta z_k.$$

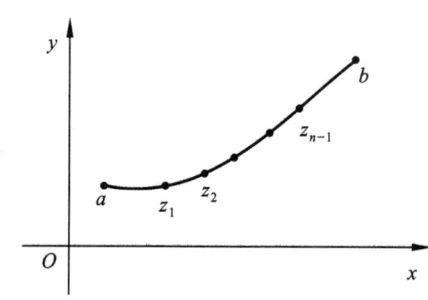

图 3.1

若极限 $\lim\limits_{\lambda \to 0} S_n$ 存在,则称 $f(z)$ 在有向曲线 L 上可积,记作 $\int_L f(z)\mathrm{d}z$,即

$$\int_L f(z)\mathrm{d}z = \lim_{\lambda \to 0} \sum_{k=1}^n f(\zeta_k)\Delta z_k$$

其中 $f(z)$ 称为被积函数,有向曲线 L 称为积分曲线或积分路径. 除特别声明外,我们假定积分曲线都是光滑的或分段光滑的.

从复积分的定义可知,积分曲线必须指出起点和终点. 当积分曲线是闭曲线时,起点和终点相同,曲线方向可以是顺时针方向也可以是逆时针方向. 这时如果没有特别声明,我们假定积分曲线取逆时针方向. 而当积分曲线是闭区域的边界时(见图 3.2),我们假定积分曲线取正方向. 区域边界的正方向为: 当沿着曲线的这个方向移动时,区域总在它的左侧. 例如环形区域,外圆周的正方向为逆时针方向,内圆周的正方向为顺时针方向. 闭曲线积分常常记作 $\oint_L f(z)\mathrm{d}z$.

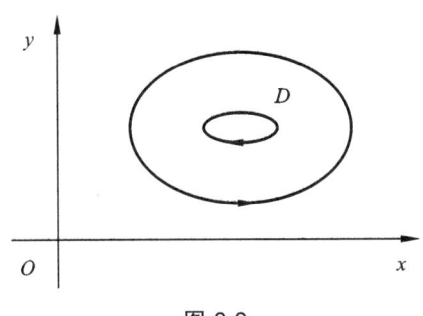

图 3.2

例 3.1 设曲线 L 是连接复数 a,b 的任意一条逐段光滑曲线. 求证:

(1) $\int_L \mathrm{d}z = b - a$;

(2) $\int_L z\mathrm{d}z = \frac{1}{2}(b^2 - a^2)$.

证明 设 Δz_k 如定义 3.1,有

(1)
$$\int_L \mathrm{d}z = \lim_{\lambda \to 0} \sum_{k=1}^n \Delta z_k$$
$$= \lim_{\lambda \to 0} \sum_{k=1}^n (z_k - z_{k-1})$$
$$= z_n - z_0$$
$$= b - a.$$

(2) 因为 $\int_L z\mathrm{d}z = \lim_{\lambda \to 0} \sum_{k=1}^n z_k \Delta z_k$,$\int_L z\mathrm{d}z = \lim_{\lambda \to 0} \sum_{k=1}^n z_{k-1} \Delta z_k$,所以

$$\int_L z\mathrm{d}z = \frac{1}{2} \lim_{\lambda \to 0} \sum_{k=1}^n (z_k \Delta z_k + z_{k-1} \Delta z_k)$$
$$= \frac{1}{2} \lim_{\lambda \to 0} \sum_{k=1}^n [z_k(z_k - z_{k-1}) + z_{k-1}(z_k - z_{k-1})]$$
$$= \frac{1}{2} \lim_{\lambda \to 0} \sum_{k=1}^n (z_k^2 - z_{k-1}^2)$$
$$= \frac{1}{2}(b^2 - a^2)$$

证毕.

3.1.2 复积分的性质

性质 3.1 设函数 $f(z), g(z)$ 在曲线 L 上可积，$k \in \mathbb{C}$，则

（1） $\int_L (f(z)+g(z))\mathrm{d}z = \int_L f(z)\mathrm{d}z + \int_L g(z)\mathrm{d}z$；

（2） $\int_L kf(z)\mathrm{d}z = k\int_L f(z)\mathrm{d}z$；

（3） $\int_L f(z)\mathrm{d}z = \int_{L_1} f(z)\mathrm{d}z + \int_{L_2} f(z)\mathrm{d}z$，其中 L 是由 L_1 与 L_2 连接 L_1 的终点与 L_2 的起点而成；

（4） $\int_{L^-} f(z)\mathrm{d}z = -\int_L f(z)\mathrm{d}z$，其中 L^- 是与 L 方向相反的同一条曲线；

（5） $\int_L |f(z)\| \mathrm{d}z| = \int_L |f(z)|\mathrm{d}s$，其中 $\mathrm{d}s$ 为弧微分；

（6） $\left|\int_L f(z)\mathrm{d}z\right| \leqslant \int_L |f(z)\| \mathrm{d}z|$，设曲线 L 的长度为 s，$|f(z)| \leqslant M$ 则 $\left|\int_L f(z)\mathrm{d}z\right| \leqslant Ms$.

3.1.3 复积分的计算

定理 3.1 设 $f(z) = u(x,y) + \mathrm{i}v(x,y)$ 在曲线 L 上连续，则 $f(z)$ 在曲线 L 上可积，且

$$\int_L f(z)\mathrm{d}z = \int_L u(x,y)\mathrm{d}x - v(x,y)\mathrm{d}y + \mathrm{i}\int_L v(x,y)\mathrm{d}x + u(x,y)\mathrm{d}y.$$

证明 设 $\zeta_k, \Delta z_k$ 如定义 3.1. 令

$$\zeta_k = \xi_k + \mathrm{i}\eta_k, \Delta z_k = \Delta x_k + \mathrm{i}\Delta y_k, u_k = u(\xi_k, \eta_k), v_k = v(\xi_k, \eta_k).$$

则
$$\int_L f(z)\mathrm{d}z = \lim_{\lambda \to 0} \sum_{k=1}^{n} f(\zeta_k)\Delta z_k$$

$$= \lim_{\lambda \to 0} \sum_{k=1}^{n} (u_k + \mathrm{i}v_k)(\Delta x_k + \mathrm{i}\Delta y_k)$$

$$= \lim_{\lambda \to 0} \sum_{k=1}^{n} (u_k \Delta x_k - v_k \Delta y_k) + \mathrm{i}\lim_{\lambda \to 0}\sum_{k=1}^{n}(v_k \Delta x_k + u_k \Delta y_k)$$

$$= \int_L u(x,y)\mathrm{d}x - v(x,y)\mathrm{d}y + \mathrm{i}\int_L v(x,y)\mathrm{d}x + u(x,y)\mathrm{d}y.$$

证毕.

设曲线 $L: z(t) = x(t) + \mathrm{i}y(t) (\alpha \leqslant t \leqslant \beta)$ 为光滑曲线，$z(\alpha)$ 为起点，$z(\beta)$ 为终点. 则函数 $f(z)$ 在曲线 L 上的积分可写为

$$\int_L f(z)\mathrm{d}z = \int_L u(x,y)\mathrm{d}x - v(x,y)\mathrm{d}y + \mathrm{i}\int_L v(x,y)\mathrm{d}x + u(x,y)\mathrm{d}y$$

$$= \int_\alpha^\beta u(x(t),y(t))\mathrm{d}x(t) - v(x(t),y(t))\mathrm{d}y(t) + \mathrm{i}\int_\alpha^\beta v(x(t),y(t))\mathrm{d}x(t) + u(x(t),y(t))\mathrm{d}y(t)$$

$$= \int_\alpha^\beta (u(x(t),y(t))x'(t) - v(x(t),y(t))y'(t))\mathrm{d}t + \mathrm{i}\int_\alpha^\beta (v(x(t),y(t))x'(t) + u(x(t),y(t))y'(t))\mathrm{d}t$$

例 3.2 计算积分 $\int_L \operatorname{Re} z \mathrm{d}z$,其中曲线 L 为

（1）连接 0 与 $1+\mathrm{i}$ 的直线段,起点为 0,终点为 $1+\mathrm{i}$；

（2）连接 0 到 1 及由 1 到 $1+\mathrm{i}$ 的折线,起点为 0,终点为 $1+\mathrm{i}$.

解 （1）$z(t) = (1+\mathrm{i})t, 0 \leqslant t \leqslant 1$, 则

$$\int_L \operatorname{Re} z \mathrm{d}z = \int_0^1 t \mathrm{d}(1+\mathrm{i})t = (1+\mathrm{i})\int_0^1 t \mathrm{d}t = \frac{1+\mathrm{i}}{2}.$$

（2）$L_1: z(t) = t, 0 \leqslant t \leqslant 1, L_2: z(t) = 1+t\mathrm{i}, 0 \leqslant t \leqslant 1, L = L_1 + L_2$, 则

$$\int_L \operatorname{Re} z \mathrm{d}z = \int_{L_1} \operatorname{Re} z \mathrm{d}z + \int_{L_2} \operatorname{Re} z \mathrm{d}z = \int_0^1 t \mathrm{d}t + \int_0^1 \mathrm{i} \mathrm{d}t = \frac{1}{2} + \mathrm{i}.$$

例 3.3 计算积分 $\oint_{C_R} \frac{1}{(z-a)^n} \mathrm{d}z$,其中 $n \in \mathbb{Z}$,曲线 C_R 为以 a 为圆心、R 为半径的圆,方向为逆时针方向.

解 $z(\theta) = a + R\mathrm{e}^{\mathrm{i}\theta}, 0 \leqslant \theta \leqslant 2\pi$.

（1）当 $n=1$ 时,

$$\oint_{C_R} \frac{1}{z-a} \mathrm{d}z = \int_0^{2\pi} \frac{R\mathrm{e}^{\mathrm{i}\theta}\mathrm{i}}{R\mathrm{e}^{\mathrm{i}\theta}} \mathrm{d}\theta = 2\pi\mathrm{i}.$$

（3）当 $n \neq 1$ 时,

$$\begin{aligned}
\oint_{C_R} \frac{1}{(z-a)^n} \mathrm{d}z &= \int_0^{2\pi} \frac{R\mathrm{e}^{\mathrm{i}\theta}\mathrm{i}}{R^n \mathrm{e}^{\mathrm{i}n\theta}} \mathrm{d}\theta \\
&= \frac{\mathrm{i}}{R^{n-1}} \int_0^{2\pi} \mathrm{e}^{-\mathrm{i}(n-1)\theta} \mathrm{d}\theta \\
&= \frac{\mathrm{i}}{R^{n-1}} \int_0^{2\pi} [\cos(n-1)\theta - \mathrm{i}\sin(n-1)\theta] \mathrm{d}\theta \\
&= 0
\end{aligned}$$

所以

$$\oint_{C_R} \frac{1}{(z-a)^n} \mathrm{d}z = \begin{cases} 2\pi\mathrm{i}, & n=1; \\ 0, & n \neq 1. \end{cases}$$

例 3.4 计算积分 $\oint_{|z-2|=1} \frac{z^2}{(z-2)^3} \mathrm{d}z$.

解 本题没有指出曲线的方向,我们默认它的方向为逆时针方向.

$$\begin{aligned}
\oint_{|z-2|=1} \frac{z^2}{(z-2)^3} \mathrm{d}z &= \int_0^{2\pi} \frac{(2+\mathrm{e}^{\mathrm{i}\theta})^2}{\mathrm{e}^{3\mathrm{i}\theta}} \mathrm{i}\mathrm{e}^{\mathrm{i}\theta} \mathrm{d}\theta \\
&= \mathrm{i} \int_0^{2\pi} (1 + 4\mathrm{e}^{-\mathrm{i}\theta} + 4\mathrm{e}^{-2\mathrm{i}\theta}) \mathrm{d}\theta \\
&= 2\pi\mathrm{i}
\end{aligned}$$

习题 3-1

1. 计算积分 $\int_L |z| \mathrm{d}z$，其中 L 分别为

（1）从 0 到 $2-\mathrm{i}$ 的直线段；

（2）单位圆 $|z|=1$ 上从 -1 到 1 的上半圆；

（3）单位圆 $|z|=1$ 上从 $-\mathrm{i}$ 到 i 的左半圆；

（4）$|z|=1$.

2. 证明：$|\int_L (x^2 + \mathrm{i}y^2)\mathrm{d}z| \leqslant \pi$，其中 L 是连接 $-\mathrm{i}$ 到 i 的右半圆.

3.2 柯西积分定理及不定积分

3.2.1 柯西积分定理

定理 3.2 （柯西积分定理）设 D 是复平面上的单连通区域，L 是 D 内一条围线，$f(z) \in H(D)$，则 $\oint_L f(z)\mathrm{d}z = 0$.

证明 设 $f(z) = u(x,y) + \mathrm{i}v(x,y)$，围线 L 围成的区域记为 G. 事实上，根据定理 3.8，$u(x,y), v(x,y)$ 偏导数可微，进而连续，所以

$$\begin{aligned}\oint_L f(z)\mathrm{d}z &= \oint_L u(x,y)\mathrm{d}x - v(x,y)\mathrm{d}y + \mathrm{i}\oint_L v(x,y)\mathrm{d}x + u(x,y)\mathrm{d}y \\ &= \iint_G (-v_x - u_y)\mathrm{d}x\mathrm{d}y + \mathrm{i}\iint_G (u_x - v_y)\mathrm{d}x\mathrm{d}y \\ &= 0\end{aligned}$$

证毕.

在这个证明中，我们用到了后面的定理 3.8，但是这样容易出现循环论证. 事实上，不用定理 3.8，可以直接证明该定理，具体参看柯西积分定理的古尔萨（Goursat）证明.

定理 3.3 设 D 是复平面上的单连通区域，$f(z) \in H(D)$，$f(z)$ 在 $\overline{D}$ 上连续，设 L 是 $\overline{D}$ 边界，则 $\oint_L f(z)\mathrm{d}z = 0$.

定理 3.4 设有围线 $L_0, L_1, L_2, \cdots, L_n$，其中 $L_1, L_2, \cdots, L_n$ 中每条围线都在其余围线的外部，同时它们又都在 L_0 的内部. 设 D 为 L_0 的内部与 $L_1, L_2, \cdots, L_n$ 每条围线外部的相交部分. 设 $f(z) \in H(D)$，则

$$\oint_{L_0} f(z)\mathrm{d}z = \oint_{L_1} f(z)\mathrm{d}z + \oint_{L_2} f(z)\mathrm{d}z + \cdots + \oint_{L_n} f(z)\mathrm{d}z.$$

证明 依次在 $L_1^-, L_2^-, \cdots, L_n^-$ 中两条围线间用一条线段连接，再与 L_0 用一条线段连接，然后把这些线段割破. 割破后，相当于增加了一些方向相反的两条边，使得区域 D 变为单连通区域（如图 3.3、图 3.4 所示）.

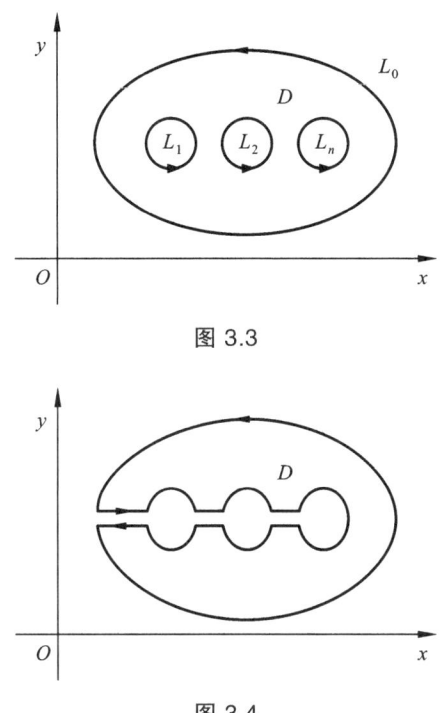

图 3.3

图 3.4

因为增加一对方向相反的边，不影响积分的结果，再由定理 3.2 得

$$\oint_{L_0+L_1^-+L_2^-+\cdots+L_n^-} f(z)\mathrm{d}z = 0,$$

所以

$$\oint_{L_0} f(z)\mathrm{d}z = \oint_{L_1} f(z)\mathrm{d}z + \oint_{L_2} f(z)\mathrm{d}z + \cdots + \oint_{L_n} f(z)\mathrm{d}z.$$

证毕.

例 3.5 设 a 为围线 L 的内部的一点，则

$$\oint_L \frac{1}{(z-a)^n}\mathrm{d}z = \begin{cases} 2\pi\mathrm{i}, & n=1; \\ 0, & n\neq 1, n\in\mathbb{Z}. \end{cases}$$

解 以 a 为圆心作充分小的圆 C，使其含于围线 L 的内部. 根据定理 3.4 得

$$\oint_L \frac{1}{(z-a)^n}\mathrm{d}z = \oint_C \frac{1}{(z-a)^n}\mathrm{d}z.$$

再根据例 3.3 即得.

例 3.6 计算积分 $\oint_L \dfrac{3z-1}{z^2-z}\mathrm{d}z$，其中 L 为包含 $|z|=1$ 的任意围线.

解 函数 $\dfrac{3z-1}{z^2-z}$ 在复平面内有两个奇点 0 和 1，它们均包含在 L 内，在 L 内作两条互不包含且互不相交的充分小的围线 L_1 和 L_2，分别包含 0 和 1，则

$$\oint_L \frac{3z-1}{z^2-z}\mathrm{d}z = \oint_{L_1}\frac{3z-1}{z^2-z}\mathrm{d}z + \oint_{L_2}\frac{3z-1}{z^2-z}\mathrm{d}z$$

$$= \oint_{L_1}\left(\frac{2}{z-1}+\frac{1}{z}\right)\mathrm{d}z + \oint_{L_2}\left(\frac{2}{z-1}+\frac{1}{z}\right)\mathrm{d}z$$

$$= 0 + 2\pi\mathrm{i} + 2\cdot 2\pi\mathrm{i} + 0$$

$$= 6\pi\mathrm{i}.$$

3.2.2 不定积分

若函数 $f(z)$ 从 a 到 b 的积分与积分路径无关，则记作 $\int_a^b f(z)\mathrm{d}z$. 设 D 为单连通区域，$f(z)\in H(D)$，z_0 为 D 内一定点，由定理 3.2 知，$f(z)$ 从 z_0 到 D 内动点 z 的积分与积分路径无关，从而 $\int_{z_0}^z f(\zeta)\mathrm{d}\zeta$ 在 D 上确定一个单值函数.

定理 3.5 设 D 为单连通区域，$f(z)\in H(D)$，z_0 为 D 内一定点，令 $F(z)=\int_{z_0}^z f(\zeta)\mathrm{d}\zeta$，则 $F(z)$ 在 D 上解析，且 $F'(z)=f(z)$.

证明
$$F'(z)=\lim_{\Delta z\to 0}\frac{F(z+\Delta z)-F(z)}{\Delta z}=\lim_{\Delta z\to 0}\frac{\int_z^{z+\Delta z}f(\zeta)\mathrm{d}\zeta}{\Delta z}$$

因为 $f(z)\in H(D)$，所以 $f(z)$ 连续. 对于 D 内的某个确定分段光滑曲线 L，$\forall \varepsilon>0$，存在 $\delta>0$，当 $|\Delta z|<\delta$ 时，有 $|f(z)-f(\zeta)|<\varepsilon$. 因为 ζ 在曲线 L 上，并在 z 与 $z+\Delta z$ 之间，故有

$$|F'(z)-f(z)|=\left|\lim_{\Delta z\to 0}\frac{\int_z^{z+\Delta z}f(\zeta)\mathrm{d}\zeta}{\Delta z}-\lim_{\Delta z\to 0}\frac{\int_z^{z+\Delta z}f(z)\mathrm{d}\zeta}{\Delta z}\right|$$

$$\leqslant \lim_{\Delta z\to 0}\frac{\left|\int_z^{z+\Delta z}|f(z)-f(\zeta)\|\mathrm{d}\zeta|\right|}{|\Delta z|}$$

$$\leqslant \varepsilon.$$

证毕.

我们引入复积分的原函数与不定积分的概念.

定义 3.2 设 $F'(z)=f(z)$，则称 $F(z)$ 是 $f(z)$ 的一个原函数. $f(z)$ 所有原函数的全体称为

$f(z)$ 的不定积分，记作 $\int f(z)\mathrm{d}z$.

例如

$$\int 2z\mathrm{d}z = z^2 + C, \int \cos \mathrm{d}z = \sin z + C.$$

定理 3.6 设 D 为单连通区域，$f(z) \in H(D), a, b \in D, F(z)$ 是 $f(z)$ 的一个原函数，则

$$\int_a^b f(z)\mathrm{d}z = F(b) - F(a).$$

例 3.7 计算积分 $\int_{-2}^{-2+\mathrm{i}} (z+2)^2 \mathrm{d}z$.

解

$$\int_{-2}^{-2+\mathrm{i}} (z+2)^2 \mathrm{d}z = \left.\frac{(z+2)^3}{3}\right|_{-2}^{-2+\mathrm{i}} = -\frac{\mathrm{i}}{3}.$$

例 3.8 计算积分 $\int_0^{\pi+2\mathrm{i}} \frac{1}{2}\cos\frac{z}{2}\mathrm{d}z$.

解

$$\int_0^{\pi+2\mathrm{i}} \frac{1}{2}\cos\frac{z}{2}\mathrm{d}z = \left.\sin\frac{z}{2}\right|_0^{\pi+2\mathrm{i}}$$
$$= \cos\mathrm{i} = \frac{\mathrm{e}^{-1} + \mathrm{e}^1}{2} = \cosh 1.$$

例 3.9 计算积分 $\int_L \frac{1}{z}\mathrm{d}z$，其中 L 是圆 $|z| = 5$ 上的一段有向弧 $z(\theta) = 5\mathrm{e}^{\mathrm{i}\theta}, \frac{\pi}{2} \leqslant \theta \leqslant \pi$，起点为 $5\mathrm{i}$，终点为 -5.

解

$$\int_L \frac{1}{z}\mathrm{d}z = \left.\ln z\right|_{5\mathrm{e}^{\frac{\pi}{2}\mathrm{i}}}^{5\mathrm{e}^{\pi\mathrm{i}}} = (\ln 5 + \pi\mathrm{i}) - \left(\ln 5 + \frac{\pi}{2}\mathrm{i}\right) = \frac{\pi}{2}\mathrm{i}.$$

习题 3-2

1. 计算如下积分：

(1) $\int_0^{\mathrm{i}} (\mathrm{e}^z + 2z^2)\mathrm{d}z$;

(2) $\int_0^{\pi\mathrm{i}} \sin z\,\mathrm{d}z$.

2. 由积分 $\oint_L \frac{1}{z+2}\mathrm{d}z$ 之值证明

$$\int_0^\pi \frac{1+2\cos\theta}{5+4\cos\theta}\mathrm{d}\theta = 0$$

其中 L 为单位圆 $|z|=1$.

3.3 柯西积分公式和解析函数的高阶导数

3.3.1 柯西积分公式

定理 3.7 设 D 是以围线 L 为边界的单连通区域，$f(z)\in H(D)$，且 $f(z)$ 在 $\overline{D}$ 上连续，则

$$f(z_0) = \frac{1}{2\pi\mathrm{i}}\oint_L \frac{f(z)}{z-z_0}\mathrm{d}z, z_0 \in D.$$

证明 作 $C_R:|z-z_0|=R$，使得 C_R 含于 D. 由于 $f(z)$ 在 D 上连续，所以 $\forall \varepsilon > 0$，$\exists R$，使得当 z 属于 C_R 内部时，有 $|f(z)-f(z_0)| < \varepsilon$，于是

$$\left|\frac{1}{2\pi\mathrm{i}}\oint_{C_R}\frac{f(z)}{z-z_0}\mathrm{d}z - f(z_0)\right|$$

$$= \left|\frac{1}{2\pi\mathrm{i}}\oint_{C_R}\frac{f(z)}{z-z_0}\mathrm{d}z - \frac{1}{2\pi\mathrm{i}}\oint_{C_R}\frac{f(z_0)}{z-z_0}\mathrm{d}z\right|$$

$$= \frac{1}{2\pi}\left|\oint_{C_R}\frac{f(z)-f(z_0)}{z-z_0}\mathrm{d}z\right|$$

$$\leqslant \frac{1}{2\pi}\left|\oint_{C_R}\frac{\varepsilon}{R}|\mathrm{d}z|\right|$$

$$= \frac{1}{2\pi}\cdot\frac{\varepsilon}{R}\cdot 2\pi R$$

$$= \varepsilon.$$

所以

$$\lim_{R\to 0}\frac{1}{2\pi\mathrm{i}}\oint_{C_R}\frac{f(z)}{z-z_0}\mathrm{d}z = f(z_0),$$

又 $\forall R$，有 $\oint_L \frac{f(z)}{z-z_0}\mathrm{d}z = \oint_{C_R}\frac{f(z)}{z-z_0}\mathrm{d}z$，因此

$$f(z_0) = \frac{1}{2\pi\mathrm{i}}\oint_L \frac{f(z)}{z-z_0}\mathrm{d}z.$$

证毕.

定理 3.7 中的式子称为柯西积分公式. 我们用柯西积分公式再来求解例 3.6，会发现更简单一些.

例 3.10 计算积分 $\oint_L \dfrac{3z-1}{z^2-z}\mathrm{d}z$,其中 L 为包含 $|z|=1$ 的任意围线.

解 设围线 L_1 和 L_2 如例 3.6,则

$$\oint_L \frac{3z-1}{z^2-z}\mathrm{d}z = \oint_{L_1} \frac{3z-1}{z(z-1)}\mathrm{d}z + \oint_{L_2} \frac{3z-1}{z(z-1)}\mathrm{d}z$$

$$= \oint_{L_1} \frac{\frac{3z-1}{z-1}}{z}\mathrm{d}z + \oint_{L_2} \frac{\frac{3z-1}{z}}{z-1}\mathrm{d}z$$

$$= \left(\frac{3z-1}{z-1}\right)\bigg|_{z=0} \cdot 2\pi\mathrm{i} + \left(\frac{3z-1}{z}\right)\bigg|_{z=1} \cdot 2\pi\mathrm{i}$$

$$= 2\pi\mathrm{i} + 2\cdot 2\pi\mathrm{i}$$

$$= 6\pi\mathrm{i}.$$

3.3.2 解析函数的无穷可微性

解析函数具有无穷可微性,即解析函数的各阶导数都存在.

定理 3.8 设 D 是以围线 L 为边界的单连通区域,$f(z) \in H(D)$,且 $f(z)$ 在 $\overline{D}$ 上连续,则 $f(z)$ 在区域 D 上存在各阶导数,且 $f^{(n)}(z_0) = \dfrac{n!}{2\pi\mathrm{i}}\oint_L \dfrac{f(z)}{(z-z_0)^{n+1}}\mathrm{d}z, z_0 \in D, n = 1, 2\cdots$.

证明 我们用归纳法来证明. 当 $n=1$ 时,可证 $f'(z_0) = \dfrac{1}{2\pi\mathrm{i}}\oint_L \dfrac{f(z)}{(z-z_0)^2}\mathrm{d}z$.

因为 $f(z_0) = \dfrac{1}{2\pi\mathrm{i}}\oint_L \dfrac{f(z)}{z-z_0}\mathrm{d}z, f(z_0+\Delta z) = \dfrac{1}{2\pi\mathrm{i}}\oint_L \dfrac{f(z)}{z-z_0-\Delta z}\mathrm{d}z$,所以

$$\frac{f(z_0+\Delta z)-f(z_0)}{\Delta z} = \frac{\frac{1}{2\pi\mathrm{i}}\oint_L \frac{f(z)}{z-z_0-\Delta z}\mathrm{d}z - \frac{1}{2\pi\mathrm{i}}\oint_L \frac{f(z)}{z-z_0}\mathrm{d}z}{\Delta z}$$

$$= \frac{1}{2\pi\mathrm{i}\Delta z}\oint_L \frac{\Delta z f(z)}{(z-z_0-\Delta z)(z-z_0)}\mathrm{d}z$$

$$= \frac{1}{2\pi\mathrm{i}}\oint_L \frac{f(z)}{(z-z_0-\Delta z)(z-z_0)}\mathrm{d}z$$

又因为 $f(z) \in H(D)$,且 $f(z)$ 在 $\overline{D}$ 上连续,于是 $\exists M > 0$,使得 $|f(z)| \leqslant M$.

设围线 L 的长度为 s, z_0 到 L 的距离为 ϕ,则

$$\left|\frac{f(z_0+\Delta z)-f(z_0)}{\Delta z} - \frac{1}{2\pi\mathrm{i}}\oint_L \frac{f(z)}{(z-z_0)^2}\mathrm{d}z\right|$$

$$= \left|\frac{1}{2\pi\mathrm{i}}\oint_L \frac{f(z)}{(z-z_0-\Delta z)(z-z_0)}\mathrm{d}z - \frac{1}{2\pi\mathrm{i}}\oint_L \frac{f(z)}{(z-z_0)^2}\mathrm{d}z\right|$$

$$= \frac{1}{2\pi}\left|\oint_L \frac{f(z)\Delta z}{(z-z_0-\Delta z)(z-z_0)^2}\mathrm{d}z\right| \leqslant \frac{1}{2\pi}\cdot\frac{M|\Delta z|s}{|\phi-\Delta z|\phi^2} \to 0, \Delta z \to 0.$$

因此
$$\lim_{\Delta z \to 0} \frac{f(z_0 + \Delta z) - f(z_0)}{\Delta z} = \frac{1}{2\pi i} \oint_L \frac{f(z)}{(z-z_0)^2} dz,$$
即
$$f'(z_0) = \frac{1}{2\pi i} \oint_L \frac{f(z)}{(z-z_0)^2} dz.$$

假设 $n = k$ 成立，往证 $n = k+1$ 成立，其证明方法与 $n = 1$ 的证明类似，但较繁琐，这里略去.

证毕.

例 3.11 计算积分 $\oint_{|z-i|=1} \frac{\cos z}{(z-i)^3} dz$.

解
$$\begin{aligned}
\oint_{|z-i|=1} \frac{\cos z}{(z-i)^3} dz &= \frac{2\pi i (\cos z)''}{2!}\bigg|_{z=i} \\
&= \pi i (-\cos z)\big|_{z=i} \\
&= \pi i \cdot \frac{-e^{-1} - e}{2} \\
&= -\pi i \cosh 1
\end{aligned}$$

例 3.12 计算积分 $\oint_{|z|=3} \frac{1}{z^3(z+1)(z-1)} dz$.

解
$$\begin{aligned}
&\oint_{|z|=3} \frac{1}{z^3(z+1)(z-1)} dz \\
&= \oint_{|z|=\frac{1}{2}} \frac{1}{z^3(z+1)(z-1)} dz + \oint_{|z+1|=\frac{1}{2}} \frac{1}{z^3(z+1)(z-1)} dz + \oint_{|z-1|=\frac{1}{2}} \frac{1}{z^3(z+1)(z-1)} dz \\
&= \frac{2\pi i}{2!} \left(\frac{1}{z^2-1}\right)''\bigg|_{z=0} + 2\pi i \cdot \frac{1}{z^3(z-1)}\bigg|_{z=-1} + 2\pi i \cdot \frac{1}{z^3(z+1)}\bigg|_{z=1} \\
&= -2\pi i + \pi i + \pi i = 0.
\end{aligned}$$

3.3.3 几个重要定理

定理 3.9 （莫雷拉定理）设 $f(z)$ 是单连通区域 D 上的连续函数，若 $f(z)$ 对任意围线 L，有 $\oint_L f(z) dz = 0$，则 $f(z) \in H(D)$.

证明 因为 $f(z)$ 对任意围线 L，有 $\oint_L f(z) dz = 0$，所以 $f(z)$ 在区域 D 上的积分与路径无关. 取 $z_0 \in D$，令 $F(z) = \int_{z_0}^{z} f(\zeta) d\zeta$，则 $F(z)$ 是单值函数且 $F'(z) = f(z)$. 根据定理 3.8 得 $F(z)$ 二阶可导，即 $f(z)$ 可导，故 $f(z) \in H(D)$.

证毕.

莫雷拉定理是柯西积分定理的逆定理.

定理 3.10 （平均值定理）设 $f(z)$ 在圆 $C_R:|z-z_0|=R$ 内解析，在 $|z-z_0|\leqslant R$ 上连续，则 $f(z_0)=\dfrac{1}{2\pi}\int_0^{2\pi}f(z_0+Re^{i\theta})d\theta$.

证明
$$f(z_0)=\frac{1}{2\pi i}\oint_{|z-z_0|=R}\frac{f(z)}{z-z_0}dz$$
$$=\frac{1}{2\pi i}\int_0^{2\pi}\frac{f(z_0+Re^{i\theta})}{Re^{i\theta}}Re^{i\theta}id\theta$$
$$=\frac{1}{2\pi}\int_0^{2\pi}f(z_0+Re^{i\theta})d\theta$$

证毕.

这里引入柯西不等式.

柯西不等式：

设 D 是一个区域，圆 $C_R:|z-z_0|=R$ 含在 D 内，$f(z)\in H(D), M(R)=\max\limits_{|z-z_0|=R}|f(z)|$，则

$$|f^{(n)}(z_0)|\leqslant \frac{n!M(R)}{R^n}, n=1,2,\cdots$$

证明
$$|f^{(n)}(z_0)|=\left|\frac{n!}{2\pi i}\oint_{C_R}\frac{f(z)}{(z-z_0)^{n+1}}dz\right|$$
$$\leqslant \frac{n!}{2\pi}\cdot\frac{M(R)}{R^{n+1}}\cdot 2\pi R$$
$$\leqslant \frac{n!M(R)}{R^n}.$$

证毕.

定理 3.11 （刘维尔定理）设 $f(z)$ 在整个复平面上解析且有界，则 $f(z)$ 是常值函数.

证明 因为 $f(z)$ 有界，所以 $\exists M>0$，使得 $|f(z)|\leqslant M$. 由柯西不等式，$\forall z_0\in\mathbb{C}$，对 $\forall R>0$，有 $|f'(z_0)|\leqslant\dfrac{M}{R}$，所以 $|f'(z_0)|=0$. 故 $f(z)$ 是常值函数.

证毕.

定理 3.12 （代数基本定理）设 $f(z)=c_0z^n+c_1z^{n-1}+c_2z^{n-2}+\cdots+c_n, c_0\neq 0, n\geqslant 1$，则 $f(z)=0$ 在复平面上至少有一个根.

证明 假设 $f(z)=0$ 在复平面上没有根，即 $f(z)\neq 0$，则 $\dfrac{1}{f(z)}$ 在复平面上解析. 因为当 $|z|\to +\infty$ 时，

$$\left|\frac{1}{f(z)}\right|=\left|\frac{1}{z^n}\right|\cdot\frac{1}{\left|c_0+\dfrac{c_1}{z}+\dfrac{c_2}{z^2}+\cdots+\dfrac{c_n}{z^n}\right|}\to 0$$

所以 $\dfrac{1}{f(z)}$ 有界，因此 $f(z)$ 是常数，这与 $f(z)$ 不是常数矛盾. 故 $f(z)=0$ 在复平面上至少有一个根.

证毕.

定理 3.13 （最大模原理）设 $\overline{D}$ 是有界闭区域，$f(z)\in H(D), f(z)$ 在 $\overline{D}$ 上连续，$f(z)$ 不是常值函数，$|f(z)|$ 的最大值为 M，则 $|f(z)|<M, z\in D$.

证明 假设存在 $z_0\in D$，使得 $|f(z_0)|=M$. 在 z_0 附近取充分小的圆 $C_R: |z-z_0|=R$，使得 C_R 含于 D 的内部. 则 $M=|f(z_0)|=\dfrac{1}{2\pi}\int_0^{2\pi}|f(z_0+Re^{i\theta})|d\theta$，于是 $|f(z_0+Re^{i\theta})|=M$，即在 C_R 上，$|f(z)|=M$，进而可得对 D 内任意点 $z, |f(z)|=M$，所以 $f(z)$ 是常数，矛盾. 所以最大模不能在内部取到，只能在边界取到.

证毕.

 习题 3-3

1. 计算积分：

（1）$\oint_{|z|=2}\dfrac{2z^2-z+1}{z-1}\mathrm{d}z$；

（2）$\oint_{|z|=2}\dfrac{2z^2-z+1}{(z-1)^2}\mathrm{d}z$；

（3）$\oint_{|z|=\frac{1}{2}}\dfrac{2z^2-z+1}{(z-1)^3}\mathrm{d}z$.

2. 计算积分：

（1）$\oint_{|z+1|=\frac{1}{2}}\dfrac{\sin\frac{\pi}{4}z}{z^2-1}\mathrm{d}z$；

（2）$\oint_{|z-1|=\frac{1}{2}}\dfrac{\sin\frac{\pi}{4}z}{z^2-1}\mathrm{d}z$；

（3）$\oint_{|z|=2}\dfrac{\sin\frac{\pi}{4}z}{z^2-1}\mathrm{d}z$.

3. 已知 $f(z_0)=\oint_{|z|=2}\dfrac{3z^2+7z+1}{z-z_0}\mathrm{d}z$，求 $f'(1+\mathrm{i}), f'(2+\mathrm{i})$.

解析函数的级数表示

解析函数有许多性质及定理的证明与实变函数相应的性质及定理的证明较为相似，本章略去不证.

4.1 复级数

4.1.1 常数项级数

定义 4.1 形如 $\sum_{n=1}^{+\infty} z_n = z_1 + z_2 + \cdots + z_n + \cdots$ 的式子称为常数项级数，其中 $z_n \in \mathbb{C}$，称 $S_n = z_1 + z_2 + \cdots + z_n$ 为部分和. 若 $\{S_n\}$ 以 $S(\neq \infty)$ 为极限，则称级数收敛，称 S 为级数的和，记作 $S = \sum_{n=1}^{+\infty} z_n$. 若 $\{S_n\}$ 极限不存在（包括等于 ∞），则称级数发散.

性质 4.1（级数收敛的必要条件）若常数项级数 $\sum_{n=1}^{+\infty} z_n$ 收敛，则 $\lim_{n \to +\infty} z_n = 0$.

证明 因为 $\sum_{n=1}^{+\infty} z_n$ 收敛，设为 S，则

$$\lim_{n \to +\infty} z_n = \lim_{n \to +\infty} (S_n - S_{n-1}) = \lim_{n \to +\infty} S_n - \lim_{n \to +\infty} S_{n-1} = S - S = 0.$$

证毕.

性质 4.2（柯西收敛准则）常数项级数 $\sum_{n=1}^{+\infty} z_n$ 收敛的充要条件是：$\forall \varepsilon > 0$，存在正整数 N，当 $n > N$，及 $\forall p \in \mathbb{N}^+$，有 $|z_{n+1} + z_{n+2} + \cdots + z_{n+p}| < \varepsilon$.

定义 4.2 若级数 $\sum_{n=1}^{+\infty}|z_n|$ 收敛，则称 $\sum_{n=1}^{+\infty}z_n$ 绝对收敛；若级数 $\sum_{n=1}^{+\infty}z_n$ 收敛，而 $\sum_{n=1}^{+\infty}|z_n|$ 发散，则称 $\sum_{n=1}^{+\infty}z_n$ 条件收敛.

性质 4.3 设 k 为任意常数，若级数 $\sum_{n=1}^{+\infty}\alpha_n,\sum_{n=1}^{+\infty}\beta_n$ 收敛，则 $\sum_{n=1}^{+\infty}(\alpha_n+\beta_n)$ 收敛，$\sum_{n=1}^{+\infty}k\alpha_n$ 收敛，且 $\sum_{n=1}^{+\infty}(\alpha_n+\beta_n)=\sum_{n=1}^{+\infty}\alpha_n+\sum_{n=1}^{+\infty}\beta_n,\sum_{n=1}^{+\infty}k\alpha_n=k\sum_{n=1}^{+\infty}\alpha_n$.

性质 4.4 设级数 $\sum_{n=1}^{+\infty}\alpha_n,\sum_{n=1}^{+\infty}\beta_n$ 绝对收敛，且 $\sum_{n=1}^{+\infty}\alpha_n=A,\sum_{n=1}^{+\infty}\beta_n=B$，设 $\gamma_n=\sum_{k=1}^{n-1}\alpha_k\beta_{n-k}$，则 $\sum_{n=2}^{+\infty}\gamma_n$ 收敛，且 $\sum_{n=2}^{+\infty}\gamma_n=AB$.

性质 4.5 设 $z_n=x_n+\mathrm{i}y_n$，级数 $\sum_{n=1}^{+\infty}z_n$ 收敛当且仅当 $\sum_{n=1}^{+\infty}x_n,\sum_{n=1}^{+\infty}y_n$ 都收敛，级数 $\sum_{n=1}^{+\infty}z_n$ 绝对收敛当且仅当 $\sum_{n=1}^{+\infty}x_n,\sum_{n=1}^{+\infty}y_n$ 都绝对收敛.

4.1.2 函数项级数与一致收敛

定义 4.3 设 $f_n(z)\,(n=1,2,\cdots)$ 为复变函数，称 $\sum_{n=1}^{+\infty}f_n(z)$ 为函数项级数，称收敛的点的集合为收敛域，在收敛域上每一点对应一个和，这个对应得到一个函数，称为和函数，记作 $S(z)$. 例如 $\sum_{n=0}^{+\infty}z^n$，收敛域为 $|z|<1$，在收敛域上的和函数为 $\dfrac{1}{1-z}$.

定义 4.4 设函数项级数 $\sum_{n=1}^{+\infty}f_n(z)$ 的收敛域为 E，和函数为 $S(z)$. 若 $\forall\varepsilon>0$，存在正整数 N，当 $n>N$ 时，有 $\left|\sum_{k=1}^{n}f_k(z)-S(z)\right|<\varepsilon$，则称级数 $\sum_{n=1}^{+\infty}f_n(z)$ 一致收敛于 $S(z)$，记作 $\sum_{n=1}^{+\infty}f_n(z)\rightrightarrows S(z)$. 若该级数在 E 内任意有界闭集上一致收敛，则称其在 E 上内闭一致收敛.

注：在一致收敛的定义中，正整数 N 的选取不受点 z 取值的影响.

定理 4.1 （柯西一致收敛准则）级数 $\sum_{n=1}^{+\infty}f_n(z)$ 在 E 上一致收敛到 $S(z)$ 的充要条件是：$\forall\varepsilon>0$，存在正整数 N，当 $n>N$ 时，$\forall p\in\mathbb{N}^+$，有 $|f_{n+1}(z)+f_{n+2}(z)+\cdots+f_{n+p}(z)|<\varepsilon$.

定理 4.2 设正项级数 $\sum_{n=1}^{+\infty}M_n$ 收敛，且 $|f_n(z)|\leqslant M_n$，则 $\sum_{n=1}^{+\infty}f_n(z)$ 绝对收敛且一致收敛.

定理 4.3 设 $f_n(z)(n=1,2,\cdots)$ 在 E 上连续，且在 E 上 $\sum_{n=1}^{+\infty}f_n(z) \rightrightarrows S(z)$，则 $S(z)$ 在 E 上连续.

定理 4.4 设 $f_n(z)(n=1,2,\cdots)$ 在曲线 L 上连续，且在 L 上 $\sum_{n=1}^{+\infty}f_n(z) \rightrightarrows S(z)$，则在 L 上可以逐项积分：

$$\int_L S(z)\mathrm{d}z = \sum_{n=1}^{+\infty}\int_L f_n(z)\mathrm{d}z.$$

定理 4.5 设 $f_n(z)(n=1,2,\cdots)$ 在区域 D 上解析，且在 D 上 $\sum_{n=1}^{+\infty}f_n(z) \rightrightarrows S(z)$，则 $S(z)$ 在 D 上解析，且

$$S^{(p)}(z) = \sum_{n=1}^{+\infty}f_n^{(p)}(z)\,(p=1,2,\cdots)$$

定理 4.6 （蒙泰尔定理）设函数序列 $\{f_n(z)\}$ 在区域 D 上解析，并且在 D 上内闭一致有界，则存在一个子序列在 D 上内闭一致收敛，设收敛到函数 $f(z)$，则 $f(z)$ 在 D 上解析.

习题 4-1

1. 设级数 $\sum_{n=0}^{+\infty}c_n z^n$ 在点 $z=R\,(R>0)$ 绝对收敛，证明该级数在 $|z|\leqslant R$ 上一致收敛，且在其上任意点绝对收敛.

2. 设 $f_n(z)(n=1,2,\cdots)$ 在 E 上连续，且在 E 上 $f_n(z) \rightrightarrows f(z)$，证明 $f(z)$ 在 E 上连续.

4.2 泰勒级数

4.2.1 幂级数

定义 4.5 形如 $\sum_{n=0}^{+\infty}c_n(z-a)^n = c_0 + c_1(z-a) + \cdots + c_n(z-a)^n + \cdots$ 的函数项级数称为幂级数，其中 $a, c_n \in \mathbb{C}$.

定理 4.7 （阿贝尔定理）

（1）若幂级数 $\sum_{n=0}^{+\infty}c_n(z-a)^n$ 在点 $z_0(\neq a)$ 收敛，则 $\sum_{n=0}^{+\infty}c_n(z-a)^n$ 在 $|z-a|<|z_0-a|$ 上内闭一致收敛且绝对收敛.

（2）若幂级数 $\sum_{n=0}^{+\infty} c_n(z-a)^n$ 在点 z_0 发散，则 $\sum_{n=0}^{+\infty} c_n(z-a)^n$ 在 $|z-a|>|z_0-a|$ 上发散.

定义 4.6 若幂级数 $\sum_{n=0}^{+\infty} c_n(z-a)^n$ 在 $|z-a|<R$ 上收敛，在 $|z-a|>R$ 上发散，则称 R 为幂级数 $\sum_{n=0}^{+\infty} c_n(z-a)^n$ 的收敛半径. 若幂级数 $\sum_{n=0}^{+\infty} c_n(z-a)^n$ 只在点 $z=a$ 处收敛，则 $R=0$；若幂级数 $\sum_{n=0}^{+\infty} c_n(z-a)^n$ 在整个复平面上收敛，则 $R=+\infty$.

下面介绍幂级数收敛半径的求法.

定理 4.8 已知幂级数 $\sum_{n=0}^{+\infty} c_n(z-a)^n$.

（1）（达朗贝尔定理）若 $\lim\limits_{n\to+\infty}\left|\dfrac{c_n}{c_{n+1}}\right|$ 存在或为 $+\infty$，则收敛半径 $R=\lim\limits_{n\to+\infty}\left|\dfrac{c_n}{c_{n+1}}\right|$.

（2）（柯西定理）若 $\lim\limits_{n\to+\infty}\dfrac{1}{\sqrt[n]{|c_n|}}$ 存在或为 $+\infty$，则收敛半径 $R=\lim\limits_{n\to+\infty}\dfrac{1}{\sqrt[n]{|c_n|}}$.

（3）（柯西-阿达马定理）若 $\dfrac{1}{\varlimsup\limits_{n\to+\infty}\sqrt[n]{|c_n|}}$ 存在或为 $+\infty$，则收敛半径 $R=\dfrac{1}{\varlimsup\limits_{n\to+\infty}\sqrt[n]{|c_n|}}$.

例 4.1 求幂级数的收敛半径 R：

（1）$\sum_{n=1}^{+\infty}\dfrac{z^n}{n^2}$；

（2）$\sum_{n=0}^{+\infty}(z-1)^n \sin \mathrm{i}n$.

解 （1）因为 $\lim\limits_{n\to+\infty}\dfrac{(n+1)^2}{n^2}=1$，所以 $R=1$.

（2）因为 $\lim\limits_{n\to\infty}\left|\dfrac{\sin \mathrm{i}n}{\sin \mathrm{i}(n+1)}\right|=\lim\limits_{n\to+\infty}\left|\dfrac{\dfrac{\mathrm{e}^{-n}-\mathrm{e}^{n}}{2\mathrm{i}}}{\dfrac{\mathrm{e}^{-(n+1)}-\mathrm{e}^{n+1}}{2\mathrm{i}}}\right|=\lim\limits_{n\to+\infty}\left|\dfrac{1-\mathrm{e}^{-2n}}{\mathrm{e}-\mathrm{e}^{-2n-1}}\right|=\dfrac{1}{\mathrm{e}}$，所以 $R=\dfrac{1}{\mathrm{e}}$.

为了表示方便，记 $\mathrm{A}_\alpha^0=1, \mathrm{A}_\alpha^n=\alpha(\alpha-1)\cdots(\alpha-n+1), n\in\mathbb{N}^+, \mathrm{C}_\alpha^m=\dfrac{\mathrm{A}_\alpha^m}{m!}, m\in\mathbb{N}, \alpha\in\mathbb{R}, \alpha\neq 0$.

定理 4.9 已知幂级数 $\sum_{n=0}^{+\infty} c_n(z-a)^n$ 的收敛半径为 $R(0<R\leqslant+\infty)$，设 $K:|z-a|<R$ 为收敛圆域，$S(z)$ 为和函数，则

（1）$S(z)$ 在 K 上解析；

（2）$S(z)$ 在 K 上可逐项求任意阶导数，$S^{(p)}(z)=\sum_{n=p}^{+\infty} \mathrm{A}_n^p c_n(z-a)^{n-p}$；

（3）$c_p=\dfrac{S^{(p)}(a)}{p!}$ $(p=0,1,2,\cdots)$.

4.2.2 解析函数的泰勒展式

定理 4.10 （泰勒定理）设 D 为区域，$f(z) \in H(D), a \in D$，圆域 $K: |z-a| < R$ 含于 D，则在 K 上 $f(z)$ 可以展成幂级数 $\sum\limits_{n=0}^{+\infty} c_n(z-a)^n$，其中 $c_n = \dfrac{f^{(n)}(a)}{n!}$ $(n=0,1,2,\cdots)$ 且表达式唯一.

证明 $\forall z_0 \in K$，作 $C_\rho : |z-a| = \rho, \rho < R$，使得 z_0 含于 C_ρ 的内部，于是 C_ρ 上的点 z 满足 $\dfrac{|z_0-a|}{|z-a|} < 1$. 根据内闭一致收敛，可逐项积分得

$$\begin{aligned}
f(z_0) &= \frac{1}{2\pi i} \oint_{C_\rho} \frac{f(z)}{z-z_0} dz \\
&= \frac{1}{2\pi i} \oint_{C_\rho} \frac{f(z)}{(z-a)-(z_0-a)} dz \\
&= \frac{1}{2\pi i} \oint_{C_\rho} \frac{f(z)}{(z-a)\left(1-\dfrac{z_0-a}{z-a}\right)} dz \\
&= \frac{1}{2\pi i} \oint_{C_\rho} \frac{f(z)}{z-a} \sum_{n=0}^{+\infty} \left(\frac{z_0-a}{z-a}\right)^n dz \\
&= \sum_{n=0}^{+\infty} \left[(z_0-a)^n \frac{1}{2\pi i} \oint_{C_\rho} \frac{f(z)}{(z-a)^{n+1}} dz \right] \\
&= \sum_{n=0}^{+\infty} (z_0-a)^n \frac{f^{(n)}(a)}{n!}
\end{aligned}$$

故 $f(z)$ 可以展成幂级数 $\sum\limits_{n=0}^{+\infty} c_n(z-a)^n$，且 $c_n = \dfrac{f^{(n)}(a)}{n!}$ $(n=0,1,2,\cdots)$.

若 $f(z)$ 还可以展成幂级数 $\sum\limits_{n=0}^{+\infty} b_n(z-a)^n$，则根据定理 4.9 有 $b_n = \dfrac{f^{(n)}(a)}{n!}$ $(n=0,1,2,\cdots)$，故表达式唯一.
证毕.

定义 4.7 泰勒定理中，幂级数 $\sum\limits_{n=0}^{+\infty} c_n(z-a)^n$ 称为泰勒级数，称为 $f(z)$ 在点 a 的泰勒展式，$c_n = \dfrac{f^{(n)}(a)}{n!} (n=0,1,2,\cdots)$ 称为泰勒系数.

定理 4.11 设函数 $f(z)$ 在点 a 可以展成泰勒级数 $\sum\limits_{n=0}^{+\infty} c_n(z-a)^n$，该级数的收敛半径为 $R(0<R<+\infty)$，则 $f(z)$ 在圆 $C_R: |z-a|=R$ 上至少有一个奇点.

证明 若 $f(z)$ 在 $|z-a|=R$ 上每一点都解析，则在 C_R 上每一点，都存在一个邻域，使得 $f(z)$ 在这个邻域上解析. 所有这些邻域构成 C_R 的一个开覆盖，由于 C_R 是有界闭集，所以存在有限个邻域覆盖 C_R.

设这有限个邻域为 $U(z_1,\rho_1),U(z_2,\rho_2),\cdots,U(z_n,\rho_n)$，假设这些邻域没有互相包含的情况，则圆周 $C_{\rho_k}:|z-z_k|=\rho_k$ $(k=1,\cdots,n)$ 中任意圆心相邻的两个圆必相交. 设相邻两圆在 C_R 外的交点到 C_R 的距离依次为 $\{d_1,d_2,\cdots,d_n\}$. 取 $d=\min\limits_{1\leq k\leq n}d_k$，则 $f(z)$ 在 $K:|z-a|<R+d$ 上解析. 这与收敛半径是 R 矛盾. 所以, $f(z)$ 在圆 $C_R:|z-a|=R$ 上至少有一个奇点.

证毕.

例如，$\dfrac{1}{1+z^2}=1-z^2+z^4-z^6+\cdots,(|z|<1)$，故级数 $\sum\limits_{n=0}^{+\infty}(-z^2)^n$ 的收敛半径为 1，所以 $\dfrac{1}{1+z^2}$ 在 $|z|=1$ 上必存在奇点. 事实上，$z=\pm\mathrm{i}$ 都是 $\dfrac{1}{1+z^2}$ 的奇点.

推论 4.1 设 $f(z)$ 在点 a 解析，b 是距离 a 最近的 $f(z)$ 的奇点，则 $f(z)$ 在点 a 展成的幂级数的收敛半径为 $|b-a|$.

例 4.2 求函数 $f(z)=\mathrm{e}^z$ 在点 $z=0$ 的泰勒级数.

解 因为 $f^{(n)}(z)=\mathrm{e}^z,f^{(n)}(0)=1$，所以 $\mathrm{e}^z=\sum\limits_{n=0}^{+\infty}\dfrac{z^n}{n!},|z|<+\infty$.

例 4.3 求函数 $f(z)=\sin z$ 在点 $z=0$ 的泰勒级数.

解
$$\begin{aligned}\sin z &= \frac{\mathrm{e}^{\mathrm{i}z}-\mathrm{e}^{-\mathrm{i}z}}{2\mathrm{i}} \\ &= \frac{1}{2\mathrm{i}}\left[\sum_{n=0}^{+\infty}\frac{(\mathrm{i}z)^n}{n!}-\sum_{n=0}^{+\infty}\frac{(-\mathrm{i}z)^n}{n!}\right] \\ &= \frac{1}{\mathrm{i}}\sum_{n=0}^{+\infty}\frac{(\mathrm{i}z)^{2n+1}}{(2n+1)!} \\ &= \frac{1}{\mathrm{i}}\sum_{n=0}^{+\infty}\frac{\mathrm{i}^{2n+1}z^{2n+1}}{(2n+1)!} \\ &= \sum_{n=0}^{+\infty}\frac{(-1)^n z^{2n+1}}{(2n+1)!},|z|<+\infty.\end{aligned}$$

同理可得
$$\cos z = \sum_{n=0}^{+\infty}\frac{(-1)^n z^{2n}}{(2n)!},|z|<+\infty.$$

例 4.4 求多值函数 $\mathrm{Ln}(1+z)$ 的主支 $\ln(1+z)$ 在点 $z=0$ 的泰勒级数.

解 因为 -1 和 ∞ 是 $\mathrm{Ln}(1+z)$ 的支点，所以将复平面沿负实轴从 -1 到 ∞ 割破后，$\mathrm{Ln}(1+z)$ 可以分出单值分支. 令 $f(z)=\ln(1+z)$，则 $f(z)$ 在 $|z|<1$ 上解析，故可以展成泰勒级数.

由于 $f(0)=0,f^{(n)}(z)=(-1)^{n-1}\dfrac{(n-1)!}{(1+z)^n}$，于是
$$f^{(n)}(0)=(-1)^{n-1}(n-1)!(n=1,2,\cdots),$$

所以
$$\ln(1+z)=\sum_{n=1}^{+\infty}\frac{(-1)^{n-1}(n-1)!}{n!}z^n=\sum_{n=1}^{+\infty}\frac{(-1)^{n-1}}{n}z^n,|z|<1.$$

例 4.5 求函数 $(1+z)^\alpha = e^{\alpha \text{Ln}(1+z)}$ 的一支 $e^{\alpha \ln(1+z)}$ 在点 $z=0$ 的泰勒级数.

解 因为 -1 和 ∞ 是 $(1+z)^\alpha$ 的支点,所以将复平面沿负实轴从 -1 到 ∞ 割破后,$(1+z)^\alpha$ 可以分出单值分支. 由于 $e^{\alpha \ln(1+z)}$ 在 $|z|<1$ 上解析,所以可以展成泰勒级数. 这个函数求导比较麻烦,而下面的方法较好地解决了这个问题.

令 $f(z) = \ln(1+z), g(z) = e^{\alpha \ln(1+z)}$,则

$$f'(z) = \frac{1}{1+z} = \frac{1}{e^{f(z)}}, g(z) = e^{\alpha f(z)},$$

$$g'(z) = e^{\alpha f(z)}\alpha f'(z) = e^{\alpha f(z)}\alpha \cdot \frac{1}{e^{f(z)}} = \alpha e^{(\alpha-1)f(z)},$$

这样就得到一个规律,根据这个规律可得

$$g^{(n)}(z) = A_\alpha^n e^{(\alpha-n)f(z)}.$$

因为 $f(0)=0$,则 $g^{(n)}(0) = A_\alpha^n$,所以

$$e^{\alpha \ln(1+z)} = \sum_{n=0}^{+\infty} \frac{A_\alpha^n}{n!} z^n = \sum_{n=0}^{+\infty} C_\alpha^n z^n, |z|<1.$$

例 4.6 求函数 $f(z) = \dfrac{z}{z+2}$ 在点 $z=1$ 的泰勒级数.

解
$$f(z) = \frac{z}{z+2} = 1 - \frac{2}{z+2} = 1 - \frac{2}{z-1+3}$$

$$= 1 - \frac{\frac{2}{3}}{1+\frac{z-1}{3}}$$

$$= 1 - \frac{2}{3}\sum_{n=0}^{+\infty}\left(-\frac{z-1}{3}\right)^n$$

$$= 1 - 2\sum_{n=0}^{+\infty}\frac{(-1)^n(z-1)^n}{3^{n+1}}, |z-1|<3.$$

习题 4-2

1. 求下列幂级数的收敛半径:

(1) $\displaystyle\sum_{n=0}^{+\infty} \cos(in) \cdot z^n$;   (2) $\displaystyle\sum_{n=0}^{+\infty} (n+a^n) z^n$.

2. 求下列函数在点 $z=1$ 的泰勒展式:

（1）$\sin z$；　　　　　　　　（2）$\cos z$；

（3）$\dfrac{1}{z+2}$；　　　　　　　（4）$\dfrac{z^2}{(1+z)^2}$.

4.3 零点孤立性与唯一性定理

解析函数具有唯一性，而实变函数并不具备. 这也是解析函数最为奇特的性质之一，由此衍生出对解析延拓的研究.

4.3.1 零点孤立性定理

定义 4.8 设 a 是函数 $f(z)$ 的零点，若存在 $m \in \mathbb{N}^+$，使得 $f(a) = f'(a) = \cdots = f^{(m-1)}(a) = 0$，但 $f^{(m)}(a) \neq 0$，则称 a 为 $f(z)$ 的 m 阶零点.

定理 4.12 （零点孤立性定理）若函数 $f(z)$ 在 $|z-a| < R$ 上解析，且不恒为零，点 a 是 $f(z)$ 的零点，则必存在点 a 的某个邻域，使得 $f(z)$ 在这个邻域内无异于 a 的零点.

证明 因为 a 是 $f(z)$ 的零点，而 $f(z)$ 又不恒为零，所以存在 $m \in \mathbb{N}^+$，使得 $f^{(m)}(a) \neq 0$，而 $f(a) = f'(a) = \cdots = f^{(m-1)}(a) = 0$，即 a 是 $f(z)$ 的 m 阶零点.

因为 $f(z)$ 在 $|z-a| < R$ 上解析，所以 $f(z)$ 可以在点 a 展成泰勒级数，即

$$f(z) = \frac{f^{(m)}(a)}{m!}(z-a)^m + \frac{f^{(m+1)}(a)}{(m+1)!}(z-a)^{m+1} + \cdots = (z-a)^m \varphi(z),$$

其中 $\varphi(z) = \dfrac{f^{(m)}(a)}{m!} + \dfrac{f^{(m+1)}(a)}{(m+1)!}(z-a) + \cdots, \varphi(a) \neq 0$.

因为 $\varphi(z)$ 解析，所以 $\varphi(z)$ 连续. 故在点 a 存在邻域 $U(a)$，使得 $\varphi(z)$ 在该邻域内不等于零. 在 $\overset{\circ}{U}(a)$ 内，$(z-a)^m \neq 0$，所以 $(z-a)^m \varphi(z) \neq 0$，故存在 a 的去心邻域 $\overset{\circ}{U}(a)$，使得 $f(z) \neq 0$. 证毕.

推论 4.2 若函数 $f(z)$ 在 $|z-a| < R$ 上解析，且有收敛于 a 的点列 $\{z_n\}(z_n \neq a)$，使得 $f(z_n) = 0 \ (n = 1, 2, \cdots)$，则 $f(z)$ 在 $|z-a| < R$ 上恒为零.

4.3.2 解析函数的唯一性定理

定理 4.13 （唯一性定理）设函数 $f_1(z)$ 与 $f_2(z)$ 在区域 D 上解析，且在收敛于 $a(a \in D)$ 的点列 $\{z_n\}(z_n \neq a)$ 上相等，则 $f_1(z)$ 与 $f_2(z)$ 在 D 上恒相等.

证明 令 $g(z)=f_1(z)-f_2(z)$，$\forall b \in D$，用一条完全属于 D 的连续曲线 L 连接 a 与 b．设 C 为区域 D 的边界，L 与 C 的距离为 d，则 $d>0$．

在 L 上取点 $a=a_0,a_1,a_2,\cdots,a_n=b$，使得 $|a_k-a_{k-1}|<\dfrac{d}{2}(k=1,2,\cdots,n)$．

依次以 $a_1,a_2,\cdots,a_{n-1}$ 为圆心，以 $\dfrac{d}{2}$ 为半径作圆 $K_1,K_2,\cdots,K_{n-1}$（见图 4.1）．

由于 $a\in K_1$，所以在 K_1 上 $g(z)\equiv 0$．由于 $K_1\cap K_2$ 为区域，所以在 K_2 上 $g(z)\equiv 0$，依此下去可得，在 K_{n-1} 上 $g(z)\equiv 0$．

因为 $b\in K_{n-1}$，所以 $g(b)=0$．

故在 D 上 $g(z)\equiv 0$，即 $f_1(z)$ 与 $f_2(z)$ 在 D 上恒相等．

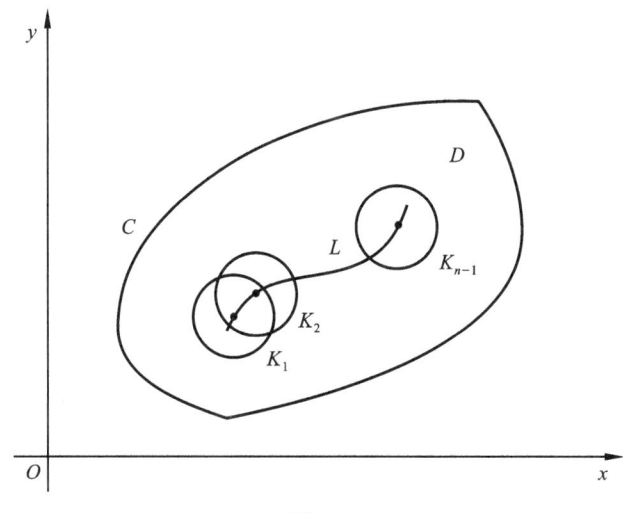

图 4.1

证毕．

推论 4.3 一切在实轴上或在实轴的某一区间上成立的等式，在整个复平面上也成立，只要等式的两端在复平面上都是解析的．

根据这个推论，我们得到很多在复平面上成立的等式．例如：

$$\sin^2 z+\cos^2 z=1, 1+\tan^2 z=\sec^2 z, 1+\cot^2 z=\csc^2 z.$$

4.3.3 解析延拓与黎曼猜想

定义 4.9 设函数 $w=f(z)$ 在区域 D_1 上解析，$w=g(z)$ 在区域 D_2 上解析，且 $D_1\subset D_2$，$D_1\neq D_2$，$\forall z\in D_1$，$f(z)=g(z)$，则称 $w=g(z)$ 是 $w=f(z)$ 的解析延拓．

根据唯一性定理 4.13，解析延拓具有唯一性．

例如无穷级数 $\sum\limits_{n=0}^{+\infty} z^n$ 在圆域 $|z|<1$ 上收敛，这个函数可以解析延拓到除 1 以外的整个复平

面上，取值为 $\frac{1}{1-z}$.

又如无穷级数 $\sum_{n=1}^{+\infty}\frac{1}{n^s}$ 在半平面 $\operatorname{Re} s>1$ 上收敛，这个函数也可以解析延拓到除 1 以外的整个复平面上．解析延拓后的函数称为黎曼 ζ 函数．当 $s=-2n, n\in\mathbb{N}^+$ 时，$\zeta(s)=0$．在 1859 年，黎曼（Riemann）猜测 ζ 函数的其他零点都在实部等于 $\frac{1}{2}$ 的直线上，这个猜想就是著名的黎曼猜想．到目前为止这个猜想还没有被解决．

习题 4-3

1. 试问点 $z=0$ 为下列函数的几阶零点：

（1）$z^2(\mathrm{e}^{z^2}-1)$；　　　　　（2）$6\sin z^3+z^3(z^6-6)$．

2. 试问在 $z=0$ 解析，在 $z=\frac{1}{n}(n=1,2,\cdots)$ 处取下列各组值的函数是否存在？

（1）$0,1,0,1,0,1,\cdots$；　　　　（2）$0,\frac{1}{2},0,\frac{1}{4},0,\frac{1}{6},\cdots$；

（3）$\frac{1}{2},\frac{1}{2},\frac{1}{4},\frac{1}{4},\frac{1}{6},\frac{1}{6},\cdots$；　　（4）$\frac{1}{2},\frac{2}{3},\frac{3}{4},\frac{4}{5},\frac{5}{6},\frac{6}{7},\cdots$．

3. 函数 $\sin\frac{1}{1-z}$ 有无穷多个零点 $z_n=1-\frac{1}{n\pi}(n=1,2,\cdots)$，但 $\sin\frac{1}{1-z}$ 并非常值函数 0，这与唯一性定理矛盾吗？

4.4 洛朗级数

解析函数存在双边幂级数展开，除有正幂项之外，还可以有负幂项．

4.4.1 双边幂级数

定义 4.10 形如 $\sum_{n=-\infty}^{+\infty}c_n(z-a)^n=\sum_{n=0}^{+\infty}c_n(z-a)^n+\sum_{n=-1}^{-\infty}c_n(z-a)^n, a,c_n\in\mathbb{C}$ 的函数项级数称为双边幂级数．

若在集合 E 上 $\sum_{n=0}^{+\infty}c_n(z-a)^n$ 和 $\sum_{n=-1}^{-\infty}c_n(z-a)^n$ 都收敛，则称在集合 E 上，$\sum_{n=-\infty}^{+\infty}c_n(z-a)^n$ 收敛．

对于幂级数 $\sum_{n=0}^{+\infty} c_n(z-a)^n$，存在收敛半径 R。

对于级数 $\sum_{n=-1}^{-\infty} c_n(z-a)^n$，如果令 $\zeta = \dfrac{1}{z-a}$，则 $\sum_{n=1}^{+\infty} c_n \zeta^n$ 存在收敛半径 R_1。当 $R_1 \neq 0$ 且 $R_1 \neq +\infty$ 时，$\sum_{n=-1}^{-\infty} c_n(z-a)^n$ 在 $|z-a| > \dfrac{1}{R_1}$ 上收敛，在 $|z-a| < \dfrac{1}{R_1}$ 上发散。当 $R_1 = 0$ 时，$\sum_{n=-1}^{-\infty} c_n(z-a)^n$ 在任意点都发散。当 $R_1 = +\infty$ 时，$\sum_{n=-1}^{-\infty} c_n(z-a)^n$ 仅在点 $z = a$ 发散。

令 $r = \dfrac{1}{R_1}$，若 $R_1 = +\infty$，则 r 取 0；若 $R_1 = 0$，则 r 取 $+\infty$。

当 $r < R$ 时，称 $r < |z-a| < R$ 为 $\sum_{n=-\infty}^{+\infty} c_n(z-a)^n$ 的收敛圆环。

定理 4.14 设双边幂级数 $\sum_{n=-\infty}^{+\infty} c_n(z-a)^n$ 的收敛圆环为 $D: r < |z-a| < R$，则 $\sum_{n=-\infty}^{+\infty} c_n(z-a)^n$ 在 D 上内闭一致收敛且绝对收敛，和函数是一个解析函数，可以逐项求任意阶导数，在 D 内任意逐段光滑曲线上可以逐项积分。

4.4.2 解析函数的洛朗展式

定理 4.15 （洛朗定理）设区域 D 为圆环 $r < |z-a| < R (0 \leqslant r < R \leqslant +\infty)$，若 $f(z) \in H(D)$，则 $f(z) = \sum_{n=-\infty}^{+\infty} c_n(z-a)^n$，且系数 c_n 唯一。其中

$$c_n = \frac{1}{2\pi \mathrm{i}} \oint_{C_\rho} \frac{f(z)}{(z-a)^{n+1}} \mathrm{d}z, n = 0, \pm 1, \pm 2, \cdots, C_\rho : |z-a| = \rho (r < \rho < R).$$

证明 $\forall z_0 \in D$，作两个圆，$C_1 : |z-a| = \rho_1, C_2 : |z-a| = \rho_2$，使 $r < \rho_1 < \rho_2 < R$，并且使得 z_0 属于圆环 $K: \rho_1 < |z-a| < \rho_2$（见图 4.2）。则

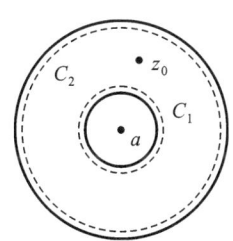

图 4.2

$$f(z_0) = \frac{1}{2\pi \mathrm{i}} \oint_{C_2} \frac{f(z)}{z - z_0} \mathrm{d}z - \frac{1}{2\pi \mathrm{i}} \oint_{C_1} \frac{f(z)}{z - z_0} \mathrm{d}z$$

$$\frac{1}{2\pi i}\oint_{C_2}\frac{f(z)}{z-z_0}\mathrm{d}z = \frac{1}{2\pi i}\oint_{C_2}\frac{f(z)}{(z-a)-(z_0-a)}\mathrm{d}z$$

$$= \frac{1}{2\pi i}\oint_{C_2}\frac{f(z)}{(z-a)\left(1-\dfrac{z_0-a}{z-a}\right)}\mathrm{d}z$$

$$= \frac{1}{2\pi i}\oint_{C_2}\frac{f(z)}{z-a}\sum_{n=0}^{+\infty}\left(\frac{z_0-a}{z-a}\right)^n\mathrm{d}z$$

$$= \sum_{n=0}^{+\infty}(z_0-a)^n\frac{1}{2\pi i}\oint_{C_2}\frac{f(z)}{(z-a)^{n+1}}\mathrm{d}z$$

$$= \sum_{n=0}^{+\infty}(z_0-a)^n\frac{1}{2\pi i}\oint_{C_\rho}\frac{f(z)}{(z-a)^{n+1}}\mathrm{d}z$$

$$= \sum_{n=0}^{+\infty}c_n(z_0-a)^n.$$

$$-\frac{1}{2\pi i}\oint_{C_1}\frac{f(z)}{z-z_0}\mathrm{d}z = \frac{1}{2\pi i}\oint_{C_1}\frac{f(z)}{(z_0-a)-(z-a)}\mathrm{d}z$$

$$= \frac{1}{2\pi i}\oint_{C_1}\frac{f(z)}{(z_0-a)\left(1-\dfrac{z-a}{z_0-a}\right)}\mathrm{d}z$$

$$= \frac{1}{2\pi i}\oint_{C_1}\frac{f(z)}{z_0-a}\sum_{n=0}^{+\infty}\left(\frac{z-a}{z_0-a}\right)^n\mathrm{d}z$$

$$= \sum_{n=0}^{+\infty}\frac{1}{(z_0-a)^{n+1}}\frac{1}{2\pi i}\oint_{C_1}f(z)(z-a)^n\mathrm{d}z$$

$$= \sum_{m=1}^{+\infty}\frac{1}{(z_0-a)^m}\frac{1}{2\pi i}\oint_{C_1}f(z)(z-a)^{m-1}\mathrm{d}z$$

$$= \sum_{n=-1}^{-\infty}\frac{1}{(z_0-a)^{-n}}\frac{1}{2\pi i}\oint_{C_1}f(z)(z-a)^{-n-1}\mathrm{d}z$$

$$= \sum_{n=-1}^{-\infty}(z_0-a)^n\frac{1}{2\pi i}\oint_{C_1}\frac{f(z)}{(z-a)^{n+1}}\mathrm{d}z$$

$$= \sum_{n=-1}^{-\infty}(z_0-a)^n\frac{1}{2\pi i}\oint_{C_\rho}\frac{f(z)}{(z-a)^{n+1}}\mathrm{d}z$$

$$= \sum_{n=-1}^{-\infty}c_n(z_0-a)^n.$$

所以

$$f(z) = \sum_{n=-\infty}^{+\infty}c_n(z-a)^n.$$

最后证明唯一性，令 $f(z) = \sum_{n=-\infty}^{+\infty}b_n(z-a)^n$.

$$c_n = \frac{1}{2\pi i}\oint_{C_\rho}\frac{f(z)}{(z-a)^{n+1}}dz$$

$$= \frac{1}{2\pi i}\oint_{C_\rho}\frac{\sum_{m=-\infty}^{+\infty}b_m(z-a)^m}{(z-a)^{n+1}}dz$$

$$= \frac{1}{2\pi i}\oint_{C_\rho}\sum_{m=-\infty}^{+\infty}\frac{b_m}{(z-a)^{n-m+1}}dz$$

$$= \frac{1}{2\pi i}\sum_{m=-\infty}^{+\infty}b_m\oint_{C_\rho}\frac{1}{(z-a)^{n-m+1}}dz$$

$$= \frac{1}{2\pi i}(\cdots+b_{n-1}\cdot 0+b_n\cdot 2\pi i+b_{n+1}\cdot 0+\cdots)$$

$$= b_n.$$

证毕.

定义 4.11 洛朗定理中,双边幂级数 $\sum_{n=-\infty}^{+\infty}c_n(z-a)^n$ 称洛朗级数,称为 $f(z)$ 在点 a 的洛朗展式, $c_n=\frac{1}{2\pi i}\oint_{C_\rho}\frac{f(z)}{(z-a)^{n+1}}dz(n=0,\pm 1,\pm 2,\cdots)$ 称为洛朗系数.

泰勒级数可以看作洛朗级数的特殊情形.

例 4.7 试将函数 $f(z)=\frac{1}{(z-1)(z-2)}$ 在下列区域内展成洛朗级数.

(1) $|z|<1$;
(2) $1<|z|<2$;
(3) $2<|z|<+\infty$.

解 (1) 由 $|z|<1$,有

$$f(z)=\frac{1}{(z-1)(z-2)}$$

$$=\frac{1}{1-z}-\frac{1}{2-z}$$

$$=\frac{1}{1-z}-\frac{1}{2\left(1-\frac{z}{2}\right)}$$

$$=\sum_{n=0}^{+\infty}z^n-\frac{1}{2}\sum_{n=0}^{+\infty}\left(\frac{z}{2}\right)^n$$

$$=\sum_{n=0}^{+\infty}\left(1-\frac{1}{2^{n+1}}\right)z^n.$$

(2) 由 $1<|z|<2$,得 $\frac{1}{2}<\frac{|z|}{2}<1,\frac{1}{|z|}<1$,有

$$f(z) = \frac{1}{(z-1)(z-2)}$$
$$= -\frac{1}{z-1} - \frac{1}{2-z}$$
$$= -\frac{1}{z} \cdot \frac{1}{1-\frac{1}{z}} - \frac{1}{2} \cdot \frac{1}{1-\frac{z}{2}}$$
$$= -\frac{1}{z}\sum_{n=0}^{+\infty}\left(\frac{1}{z}\right)^n - \frac{1}{2}\sum_{n=0}^{+\infty}\left(\frac{z}{2}\right)^n$$
$$= -\sum_{n=0}^{+\infty}\frac{1}{z^{n+1}} - \sum_{n=0}^{+\infty}\frac{1}{2^{n+1}}z^n$$
$$= -\sum_{n=0}^{+\infty}\frac{1}{2^{n+1}}z^n - \sum_{n=-1}^{-\infty}z^n.$$

（3）由 $2<|z|<+\infty$，得 $\frac{1}{|z|}<\frac{1}{2}$，有

$$f(z) = \frac{1}{(z-1)(z-2)}$$
$$= \frac{1}{z-2} - \frac{1}{z-1}$$
$$= \frac{1}{z} \cdot \frac{1}{1-\frac{2}{z}} - \frac{1}{z} \cdot \frac{1}{1-\frac{1}{z}}$$
$$= \frac{1}{z}\sum_{n=0}^{+\infty}\left(\frac{2}{z}\right)^n - \frac{1}{z}\sum_{n=0}^{+\infty}\left(\frac{1}{z}\right)^n$$
$$= \sum_{n=0}^{+\infty}(2^n-1)\frac{1}{z^{n+1}}$$
$$= \sum_{n=2}^{+\infty}\frac{2^{n-1}-1}{z^n}.$$

例 4.8 试将函数 $f(z) = \dfrac{1}{(z-1)(z-3)^2}$ 在下列区域内展成洛朗级数.

（1）$0<|z-1|<2$；

（2）$2<|z-1|<+\infty$.

解 （1）由 $0<|z-1|<2$，得 $0<\dfrac{|z-1|}{2}<1$，有

$$\frac{1}{z-3} = \frac{1}{z-1-2}$$
$$= -\frac{1}{2} \cdot \frac{1}{1-\frac{z-1}{2}}$$
$$= -\frac{1}{2}\sum_{n=0}^{+\infty}\left(\frac{z-1}{2}\right)^n$$
$$= -\sum_{n=0}^{+\infty}\frac{1}{2^{n+1}}(z-1)^n.$$

又
$$\frac{1}{(z-3)^2} = -\left(\frac{1}{z-3}\right)' = \sum_{n=1}^{+\infty} \frac{n}{2^{n+1}}(z-1)^{n-1},$$

所以
$$f(z) = \frac{1}{(z-1)} \sum_{n=1}^{+\infty} \frac{n}{2^{n+1}}(z-1)^{n-1} = \sum_{n=-1}^{+\infty} \frac{n+2}{2^{n+3}}(z-1)^n.$$

（2）由 $2<|z-1|<+\infty$，得 $|\frac{2}{z-1}|<1$，有

$$\begin{aligned}\frac{1}{z-3} &= \frac{1}{z-1-2} \\ &= \frac{1}{z-1} \cdot \frac{1}{1-\frac{2}{z-1}} \\ &= \frac{1}{z-1} \sum_{n=0}^{+\infty} \left(\frac{2}{z-1}\right)^n \\ &= \sum_{n=0}^{+\infty} \frac{2^n}{(z-1)^{n+1}}.\end{aligned}$$

又
$$\frac{1}{(z-3)^2} = -\left(\frac{1}{z-3}\right)' = \sum_{n=0}^{+\infty} \frac{(n+1)2^n}{(z-1)^{n+2}},$$

所以
$$f(z) = \frac{1}{(z-1)} \sum_{n=0}^{+\infty} \frac{(n+1)2^n}{(z-1)^{n+2}} = \sum_{n=0}^{+\infty} \frac{(n+1)2^n}{(z-1)^{n+3}}.$$

 习题 4-4

1. 将下列函数在指定圆环内展成洛朗级数.

（1）$\dfrac{1}{z^2\left(z^2-\dfrac{5}{2}z+1\right)}, 0<|z|<\dfrac{1}{2}$；

（2）$\sin\dfrac{1}{z-2}, 0<|z-2|<+\infty$.

2. 下列函数在指定点的去心邻域内能否展成洛朗级数?

（1）$\cos\dfrac{1}{z}, z=0$；

（2）$\cos\dfrac{1}{z}, z=\infty$；

（3）$\dfrac{1}{\sin\dfrac{1}{z}}, z=0$；

（4）$\cot z, z=\infty$.

4.5 解析函数的孤立奇点

4.5.1 孤立奇点的定义及分类

定义 4.12 若 a 是 $f(z)$ 的奇点,但 $f(z)$ 在 $0<|z-a|<R$ 上解析,则称 a 是 $f(z)$ 的孤立奇点. $f(z)$ 在 $0<|z-a|<R$ 上可展成洛朗级数 $\sum_{n=-\infty}^{+\infty} c_n(z-a)^n$,称 $\sum_{n=0}^{+\infty} c_n(z-a)^n$ 为 $f(z)$ 在点 a 的解析部分,称 $\sum_{n=-1}^{-\infty} c_n(z-a)^n$ 为 $f(z)$ 在点 a 的主要部分.

(1) 若 $f(z)$ 在点 a 的主要部分为零,则称 a 是可去奇点.

(2) 若 $f(z)$ 在点 a 的主要部分仅有限项不为零,则称 a 是极点. 若 a 是极点,则存在 $m \in \mathbb{N}^+$,使得 $c_{-m} \neq 0$,而当 $n > m$ 时,有 $c_{-n} = 0$,这时称 a 是 m 阶极点.

(3) 若 $f(z)$ 在点 a 的主要部分有无限项均不为零,则称 a 是本性奇点.

例 4.9 试将函数 $f(z) = \dfrac{\sin z}{z}$ 在点 $z = 0$ 的去心邻域内展成洛朗级数,并判断奇点类型.

解 因为

$$\frac{\sin z}{z} = \frac{\sum_{n=0}^{+\infty} \frac{(-1)^n z^{2n+1}}{(2n+1)!}}{z} = \sum_{n=0}^{+\infty} \frac{(-1)^n z^{2n}}{(2n+1)!},$$

所以 $z = 0$ 是可去奇点.

例 4.10 试将函数 $f(z) = e^z + e^{\frac{1}{z}}$ 在点 $z = 0$ 的去心邻域内展成洛朗级数,并判断奇点类型.

解 因为

$$e^z + e^{\frac{1}{z}} = \sum_{n=0}^{+\infty} \frac{z^n}{n!} + \sum_{n=0}^{+\infty} \frac{1}{n! z^n} = 2 + \sum_{n=1}^{+\infty} \frac{z^n}{n!} + \sum_{n=1}^{+\infty} \frac{1}{n! z^n},$$

所以 $z = 0$ 是本性奇点.

例 4.11 试将函数 $f(z) = \sin \dfrac{z}{z-1}$ 在点 $z = 1$ 的去心邻域内展成洛朗级数,并判断奇点类型.

解 因为

$$\sin \frac{z}{z-1} = \sin\left(1 + \frac{1}{z-1}\right)$$

$$= \sin 1 \cos \frac{1}{z-1} + \cos 1 \sin \frac{1}{z-1}$$

$$= \sin 1 \sum_{n=0}^{+\infty} \frac{(-1)^n}{(2n)!} \cdot \frac{1}{(z-1)^{2n}} + \cos 1 \sum_{n=0}^{+\infty} \frac{(-1)^n}{(2n+1)!} \cdot \frac{1}{(z-1)^{2n+1}}$$

所以 $z = 1$ 是本性奇点.

4.5.2 复变函数在孤立奇点邻域内的性质

定理 4.16 设 a 是 $f(z)$ 的孤立奇点，则下列三个条件等价：

（1）$f(z)$ 在点 a 的主要部分为零；

（2）$\lim_{z \to a} f(z) = C (C \neq \infty)$；

（3）$f(z)$ 在点 a 的某去心邻域内有界.

证明 设 $f(z)$ 在点 a 的洛朗展式为 $\sum_{n=-\infty}^{+\infty} c_n (z-a)^n$.

（1）$\Rightarrow$（2）：$f(z)$ 在点 a 的主要部分为零，所以 $\lim_{z \to a} f(z) = c_0$.

（2）$\Rightarrow$（3）：因为 $\lim_{z \to a} f(z) = C$，所以可以在点 a 补充定义 $f(a) = C$，使得 $f(z)$ 在点 a 连续，故 $f(z)$ 在点 a 的某邻域内有界. 由此可得，$f(z)$ 在点 a 的该去心邻域内有界.

（3）$\Rightarrow$（1）：设 M 为 $f(z)$ 在点 a 的某去心邻域 $\overset{\circ}{U}(a,\delta)$ 内的一个界，设 $C_\rho : |z-a| = \rho < \delta$，设 $f(z)$ 在点 a 的主要部分为 $\frac{c_{-1}}{z-a} + \frac{c_{-2}}{(z-a)^2} + \cdots$，其中 $c_n = \frac{1}{2\pi i} \oint_{C_\rho} \frac{f(z)}{(z-a)^{n+1}} dz$. 则

$$|c_n| = \left| \frac{1}{2\pi i} \oint_{C_\rho} \frac{f(z)}{(z-a)^{n+1}} dz \right| \leq \frac{1}{2\pi} \oint_{C_\rho} \frac{M}{\rho^{n+1}} |dz| = \frac{M}{\rho^n}.$$

当 $n < 0$ 时，由 ρ 的任意性得 $c_n = 0$，所以 $f(z)$ 在点 a 的主要部分为零. 证毕.

定理 4.17 设 a 是 $f(z)$ 的孤立奇点（可去奇点可以补充定义看作解析点），$m \in \mathbb{N}^+$，则下列三个条件等价：

（1）$f(z)$ 在点 a 的主要部分为 $\frac{c_{-m}}{(z-a)^m} + \cdots + \frac{c_{-2}}{(z-a)^2} + \frac{c_{-1}}{z-a}, c_{-m} \neq 0$.

（2）$f(z)$ 在点 a 的某去心邻域内可表示成 $f(z) = \frac{g(z)}{(z-a)^m}$，其中 $g(z)$ 在该邻域内解析，且 $g(a) \neq 0$.

（3）a 是 $\frac{1}{f(z)}$ 的 m 阶零点.

证明（1）$\Rightarrow$（2）：显然.

（2）$\Rightarrow$（3）：因为 $\frac{1}{f(z)} = \frac{(z-a)^m}{g(z)}$，$\frac{1}{g(z)}$ 在点 a 的某去心邻域内解析，且 $g(a) \neq 0$，所以 a 是 $\frac{1}{f(z)}$ 的可去奇点. 因为可去奇点可以补充定义看作解析点，所以 a 是 $\frac{1}{f(z)}$ 的 m 阶零点.

（3）$\Rightarrow$（1）：设 $\frac{1}{f(z)} = (z-a)^m \varphi(z), \varphi(z)$ 在点 a 的某邻域内解析，且 $\varphi(a) \neq 0$. 于是 $\frac{1}{\varphi(z)}$ 在点 a 的该邻域内解析.

设其在该邻域的泰勒展式为 $\dfrac{1}{\varphi(z)} = c_{-m} + c_{-m+1}(z-a) + \cdots$,则 $c_{-m} \neq 0$,所以

$$f(z) = \dfrac{1}{\varphi(z)(z-a)^m} = \dfrac{c_{-m}}{(z-a)^m} + \dfrac{c_{-(m-1)}}{(z-a)^{m-1}} + \cdots + \dfrac{c_{-1}}{z-a} + \cdots.$$

故 $f(z)$ 在点 a 的主要部分为

$$\dfrac{c_{-m}}{(z-a)^m} + \cdots + \dfrac{c_{-2}}{(z-a)^2} + \dfrac{c_{-1}}{z-a}, c_{-m} \neq 0.$$

证毕.

定理 4.18 函数 $f(z)$ 的孤立奇点 a 是极点的充要条件是 $\lim\limits_{z \to a} f(z) = \infty$.

证明 若 a 是函数 $f(z)$ 的极点,则由定理 4.17 中(1)、(2)等价得,$\lim\limits_{z \to a} f(z) = \infty$. 反之,若 $\lim\limits_{z \to a} f(z) = \infty$,则 a 是 $\dfrac{1}{f(z)}$ 的零点,由定理 4.17 中(1)、(3)等价得,a 是 $f(z)$ 的极点. 证毕.

例 4.12 求函数 $f(z) = \dfrac{5z+1}{(z-1)(2z+1)^2}$ 的极点及其阶数.

解 $z = 1$ 为 $f(z)$ 的一阶极点,$z = -\dfrac{1}{2}$ 为 $f(z)$ 的二阶极点.

定理 4.19 函数 $f(z)$ 的孤立奇点 a 是本性奇点的充要条件是 $\lim\limits_{z \to a} f(z)$ 不存在,也不等于 ∞.

定理 4.20 设 a 是函数 $f(z)$ 的本性奇点,且在点 a 的某一去心邻域内 $f(z) \neq 0$,则 a 是 $\dfrac{1}{f(z)}$ 的本性奇点.

证明 (1)若 a 是 $\dfrac{1}{f(z)}$ 的可去奇点,则 $\lim\limits_{z \to a} \dfrac{1}{f(z)}$ 存在($\neq \infty$),则 $\lim\limits_{z \to a} f(z)$ 存在或等于 ∞. 于是得,a 是 $f(z)$ 的可去奇点或极点,矛盾.

(2)若 a 是 $\dfrac{1}{f(z)}$ 的极点,则 a 是 $f(z)$ 的零点,矛盾.

综合(1)(2)得,a 是 $\dfrac{1}{f(z)}$ 的本性奇点.

证毕.

定理 4.21 (维尔斯特拉斯定理)设 a 是函数 $f(z)$ 的本性奇点,则对于任意常数 A(包括 ∞),存在数列 $\{z_n\}$,使得 $z_n \to a$ 且 $\lim\limits_{n \to +\infty} f(z_n) = A$.

证明 (1)设 $A = \infty$.

因为 $f(z)$ 在 a 的任意去心邻域内都无界,故在每个去心邻域 $\overset{\circ}{U}\left(a, \dfrac{1}{n}\right)$ 内可以取一点 z_n,使得 $z_n \to a$ 且 $f(z_n) \to \infty$.

（2）设 $A \neq \infty$.

若 $f(z)$ 在 a 的任意去心邻域内都可以取值为 A，则存在 $\{z_n\}$，使得 $z_n \to a$ 且 $f(z_n) \to A$.

若存在 a 的某个去心邻域 $\overset{\circ}{U}(a)$，使得 $f(z)$ 取值都不等于 A，取 $g(z) = \dfrac{1}{f(z)-A}$，则 $g(z)$ 在 $\overset{\circ}{U}(a)$ 解析，且 a 是 $g(z)$ 的本性奇点. 对 $g(z)$ 使用本证明（1）的结论，故存在 $\{z_n\}$，使得 $z_n \to a$ 且 $g(z_n) \to \infty$，于是 $f(z_n) - A \to 0$，即 $f(z_n) \to A$.
证毕.

定理 4.22 （皮卡大定理）设 a 是函数 $f(z)$ 的本性奇点，则除可能有一个例外值外（不是 ∞），必存在无限点列 $\{z_n\}$，使得 $z_n \to a$ 且 $f(z_n) = A$.

例如 $z = 0$ 是函数 $f(z) = \mathrm{e}^{\frac{1}{z}}$ 的本性奇点. 因为 $\mathrm{e}^{\frac{1}{z}} \neq 0$，所以 0 是皮卡大定理中的例外值.

例 4.13 求函数 $f(z) = \dfrac{(z^2-1)(z-2)^3}{(\sin \pi z)^3}$ 的孤立奇点，并判断其类型，若是极点，求其阶数.

解 显然 $z = 0, \pm 1, \pm 2, \cdots$ 是 $f(z)$ 的孤立奇点.

因为 $(\sin \pi z)' = \pi \cos \pi z \neq 0$，所以所有这些点都是 $\sin \pi z$ 的一阶零点，故这些点除 $-1, 1, 2$ 外，都是 $f(z)$ 的三阶极点.

因为 -1 与 1 是 $z^2 - 1$ 的一阶零点，所以 -1 与 1 是 $f(z)$ 的二阶极点.

显然 2 是 $(z-2)^3$ 的三阶零点，故 2 是 $f(z)$ 的可去奇点.

因为 $\lim\limits_{z \to 2} \dfrac{(z^2-1)(z-2)^3}{(\sin \pi z)^3} = \dfrac{3}{\pi^3}$，所以补充定义 $f(2) = \dfrac{3}{\pi^3}$，可得 $f(z)$ 在点 $z = 2$ 解析.

习题 4-5

1. 求下列函数的奇点，并确定它们的类型（对于极点，指出它们的阶数）.

（1）$\dfrac{z-1}{z(z^2+4)^2}$；　　　　（2）$\dfrac{1}{\sin z + \cos z}$；

（3）$\dfrac{1-\mathrm{e}^z}{1+\mathrm{e}^z}$；　　　　（4）$\dfrac{1}{(z^2+\mathrm{i})^3}$；

（5）$\tan^2 z$；　　　　（6）$\cos \dfrac{1}{z+\mathrm{i}}$；

（7）$\dfrac{1-\cos z}{z^2}$；　　　　（8）$\dfrac{1}{\mathrm{e}^z - 1}$.

2. 函数 $f(z)$，$g(z)$ 分别以 $z = a$ 为 m 阶极点、n 阶极点. 试问：$z = a$ 为 $f(z) + g(z)$，$f(z)g(z)$ 及 $\dfrac{f(z)}{g(z)}$ 的什么奇点？

4.6 解析函数在无穷远点的性质

我们默认无穷远点为奇点.

定义 4.13 若函数 $f(z)$ 在 ∞ 的某个去心邻域内解析,则称 ∞ 是 $f(z)$ 的孤立奇点.

设 $z = \infty$ 是 $f(z)$ 的孤立奇点,$f(z)$ 在 $0 \leqslant r < |z| < +\infty$ 上解析.

令 $z = \dfrac{1}{\zeta}, g(\zeta) = f\left(\dfrac{1}{\zeta}\right)$,则 $g(\zeta)$ 在 $0 < |\zeta| < \dfrac{1}{r}$ 上解析. 于是,$\zeta = 0$ 是 $g(\zeta)$ 的孤立奇点. 我们用 $g(\zeta)$ 在点 $\zeta = 0$ 的性态来定义 $f(z)$ 在 $z = \infty$ 的性态.

若 $\zeta = 0$ 是 $g(\zeta)$ 的可去奇点、m 阶极点、本性奇点,则定义 $z = \infty$ 是 $f(z)$ 的可去奇点、m 阶极点、本性奇点.

若 $g(\zeta) = \sum\limits_{n=-\infty}^{+\infty} c_n \zeta^n \left(0 < |\zeta| < \dfrac{1}{r}\right)$,则称 $f(z) = \sum\limits_{n=-\infty}^{+\infty} \dfrac{c_n}{z^n}, (r < |z| < +\infty)$ 是 $f(z)$ 在 $z = \infty$ 的洛朗级数.

称 $\sum\limits_{n=0}^{+\infty} \dfrac{c_n}{z^n}$ 为 $f(z)$ 在 $z = \infty$ 的解析部分,称 $\sum\limits_{n=-1}^{-\infty} \dfrac{c_n}{z^n}$ 为 $f(z)$ 在 $z = \infty$ 的主要部分.

定理 4.23 设 $z = \infty$ 是 $f(z)$ 的孤立奇点,则下列三个条件等价:

(1) $f(z)$ 在 $z = \infty$ 的主要部分为零;

(2) $\lim\limits_{z \to \infty} f(z) = C(C \neq \infty)$;

(3) $f(z)$ 在 $z = \infty$ 的某去心邻域内有界.

定理 4.24 设 $z = \infty$ 是 $f(z)$ 的孤立奇点,$m \in \mathbb{N}^+$,则下列三个条件等价:

(1) $f(z)$ 在 $z = \infty$ 的主要部分为 $c_1 z + \cdots + c_m z^m, c_m \neq 0$;

(2) $f(z)$ 在 $z = \infty$ 的某去心邻域内可表示成 $f(z) = g(z) z^m$,其中 $g(z)$ 在该邻域内解析,且 $g(\infty) \neq 0$;

(3) $z = \infty$ 是 $\dfrac{1}{f(z)}$ 的 m 阶零点.

定理 4.25 函数 $f(z)$ 的孤立奇点 $z = \infty$ 是 $f(z)$ 的极点的充要条件是 $\lim\limits_{z \to \infty} f(z) = \infty$.

定理 4.26 函数 $f(z)$ 的孤立奇点 $z = \infty$ 是本性奇点的充要条件是 $\lim\limits_{z \to \infty} f(z)$ 不存在,也不等于 ∞.

例 4.14 判断函数 $f(z) = \dfrac{1}{(z-1)(z-2)}$ 在无穷远点的奇点类型.

解 由例 4.7 得,$f(z)$ 在 $2 < |z| < +\infty$ 上的洛朗展式为 $\sum\limits_{n=2}^{+\infty} \dfrac{2^{n-1}-1}{z^n}$. 所以 $z = \infty$ 是 $f(z)$ 的可去奇点,补充定义 $f(\infty) = 0$,则 $f(z)$ 在 $z = \infty$ 解析,且 $z = \infty$ 是 $f(z)$ 的二阶零点.

习题 4-6

1. 如习题 4-5 第 1 题，讨论函数在无穷远点的情况.

2. 将下列函数在指定点的去心邻域内展成洛朗级数，并指出其收敛范围.

（1）$\dfrac{1}{(z^2+1)^2}, z=\mathrm{i}$；

（2）$z^2 \mathrm{e}^{\frac{1}{z}}, z=0, z=\infty$；

（3）$\mathrm{e}^{\frac{1}{1-z}}, z=1, z=\infty$.

5 留数及其应用

5.1 留 数

留数是复变函数论最基本的概念之一,它在复积分等方面有着重要的应用.

5.1.1 留数的定义及计算

定义 5.1 设 $a(a \neq \infty)$ 是函数 $f(z)$ 的孤立奇点,$f(z)$ 在 $0 < |z-a| < \rho$ 上解析,$C_r : |z-a| = r < \rho$,则称 $\dfrac{1}{2\pi i} \oint_{C_r} f(z) \mathrm{d}z$ 为 $f(z)$ 在点 a 的留数(或残数),记作 $\mathrm{Res}(f,a)$.

由定理 3.2 得,$\mathrm{Res}(f,a)$ 的值不会因 C_r 的选取而不同. 设 $f(z)$ 在点 a 的洛朗展式为 $\sum\limits_{n=-\infty}^{+\infty} c_n (z-a)^n$,通过逐项积分得

$$\begin{aligned}
\frac{1}{2\pi i} \oint_{C_r} f(z) \mathrm{d}z &= \frac{1}{2\pi i} \oint_{C_r} \sum_{n=-\infty}^{+\infty} c_n (z-a)^n \mathrm{d}z \\
&= \frac{1}{2\pi i} \sum_{n=-\infty}^{+\infty} \oint_{C_r} c_n (z-a)^n \mathrm{d}z \\
&= \frac{1}{2\pi i} (\cdots + c_{-2} \cdot 0 + c_{-1} \cdot 2\pi i + c_0 \cdot 0 + \cdots) \\
&= c_{-1}.
\end{aligned}$$

所以 $\mathrm{Res}(f,a) = c_{-1}$.

5.1.2 孤立奇点为极点的留数的计算

若 a 是函数 $f(z)$ 的一阶极点,设 $f(z)$ 在 a 的去心邻域内的洛朗展式为 $\dfrac{c_{-1}}{z-a} + c_0 +$

$c_1(z-a)+c_2(z-a)^2+\cdots$，则 $\lim_{z\to a}(z-a)f(z)=c_{-1}$，故

$$\text{Res}(f,a)=\lim_{z\to a}(z-a)f(z).$$

若 a 是函数 $f(z)$ 的一阶极点，设 $f(z)=\dfrac{g(z)}{h(z)}, g(a)\neq 0, h(a)=0, h'(a)\neq 0$，则

$$\lim_{z\to a}(z-a)f(z)=\lim_{z\to a}\dfrac{g(z)}{\dfrac{h(z)-h(a)}{z-a}}=\dfrac{g(a)}{h'(a)}.$$

故

$$\text{Res}(f,a)=\dfrac{g(a)}{h'(a)}.$$

若 a 是函数 $f(z)$ 的 m 阶极点，设 $f(z)$ 在 a 的去心邻域内的洛朗展式为 $\dfrac{c_{-m}}{(z-a)^m}+\dfrac{c_{-(m-1)}}{(z-a)^{m-1}}+\cdots+\dfrac{c_{-1}}{z-a}+c_0+c_1(z-a)+c_2(z-a)^2+\cdots, c_{-m}\neq 0$，则

$$\text{Res}(f,a)=\dfrac{1}{(m-1)!}\lim_{z\to a}\dfrac{d^{m-1}}{dz^{m-1}}[(z-a)^m f(z)].$$

例 5.1 设 $f(z)=\dfrac{5z-2}{z(z-1)}$，求 $\text{Res}(f,0)$.

解法 1：由定义得

$$\begin{aligned}\text{Res}(f,0)&=\dfrac{1}{2\pi i}\oint_{|z|=\frac{1}{2}}\dfrac{5z-2}{z(z-1)}dz\\&=\dfrac{1}{2\pi i}\oint_{|z|=\frac{1}{2}}\dfrac{\dfrac{5z-2}{z-1}}{z}dz\\&=\left(\dfrac{5z-2}{z-1}\right)\bigg|_{z=0}=2.\end{aligned}$$

解法 2：根据洛朗展式得

$$\begin{aligned}\dfrac{5z-2}{z(z-1)}&=-\left(5-\dfrac{2}{z}\right)\dfrac{1}{1-z}\\&=-\left(5-\dfrac{2}{z}\right)\sum_{n=0}^{+\infty}z^n\\&=\dfrac{2}{z}-3\sum_{n=0}^{+\infty}z^n,\end{aligned}$$

所以 $\text{Res}(f,0)=2$.

解法 3：因为 $z=0$ 是一阶极点，故

$$\mathrm{Res}(f,0) = \lim_{z\to 0} z\cdot\frac{5z-2}{z(z-1)} = \lim_{z\to 0}\frac{5z-2}{z-1} = 2.$$

解法 4：因为 $z=0$ 是一阶极点，故

$$\mathrm{Res}(f,0) = \frac{5z-2}{[z(z-1)]'}\bigg|_{z=0} = \frac{5z-2}{2z-1}\bigg|_{z=0} = 2.$$

例 5.2 设 $f(z)=\dfrac{5z-2}{z(z-1)^2}$，求 $\mathrm{Res}(f,1)$.

解 $z=1$ 是 $f(z)$ 的二阶极点，则

$$\mathrm{Res}(f,1) = \frac{1}{1!}\left(\frac{5z-2}{z}\right)'\bigg|_{z=1} = \frac{2}{z^2}\bigg|_{z=1} = 2.$$

例 5.3 设 $f(z)=\dfrac{\mathrm{e}^z}{(z-a)^3}$，求 $\mathrm{Res}(f,a)$.

解 $z=a$ 是 $f(z)$ 的三阶极点，则

$$\mathrm{Res}(f,a) = \frac{1}{2!}(\mathrm{e}^z)''\big|_{z=a} = \frac{\mathrm{e}^a}{2}.$$

5.1.3 无穷远点的留数

定义 5.2 设 $z=\infty$ 是 $f(z)$ 的孤立奇点，且 $f(z)$ 在 $\rho<|z|<\infty$ 上解析，取 $C_R:|z|=R>\rho$，称 $\dfrac{1}{2\pi\mathrm{i}}\oint_{C_R^-}f(z)\mathrm{d}z$ 为 $f(z)$ 在 $z=\infty$ 的留数，记作 $\mathrm{Res}(f,\infty)$.

设 $f(z)$ 在点 $z=\infty$ 的洛朗展式为 $\sum\limits_{n=-\infty}^{+\infty}c_n(z-a)^n$，又 $\dfrac{1}{2\pi\mathrm{i}}\oint_{C_R^-}f(z)\mathrm{d}z = -\dfrac{1}{2\pi\mathrm{i}}\oint_{C_R}f(z)\mathrm{d}z$，所以 $\mathrm{Res}(f,\infty)=-c_{-1}$.

例 5.4 设 $f(z)=\dfrac{1+z^2}{\mathrm{e}^z}$，求 $\mathrm{Res}(f,\infty)$.

解 $z=\infty$ 是 $f(z)$ 的孤立奇点，则

$$\mathrm{Res}(f,\infty) = -\frac{1}{2\pi\mathrm{i}}\oint_{|z|=1}f(z)\mathrm{d}z = 0.$$

例 5.5 设 $f(z)=\dfrac{z^{15}}{(z^2+1)^2(z^4+2)^3}$，求 $\mathrm{Res}(f,\infty)$.

解

$$\frac{z^{15}}{(z^2+1)^2(z^4+2)^3} = \frac{z^{15}}{z^{16}\left(1+\frac{1}{z^2}\right)^2\left(1+\frac{2}{z^4}\right)^3}$$

$$= \frac{1}{z}\left(1+\frac{1}{z^2}\right)^{-2}\left(1+\frac{2}{z^4}\right)^{-3}$$

$$= \frac{1}{z}\left(1-2\frac{1}{z^2}+\cdots\right)\left(1-3\frac{2}{z^4}+\cdots\right)$$

$$= \frac{1}{z} - \frac{2}{z^2} + \cdots$$

所以 $\text{Res}(f,\infty) = -1$.

5.1.4 留数基本定理

定理 5.1 （留数基本定理）设区域 D 由围线 L 围成，若 $f(z)$ 在 L 内除有限个奇点 $a_1, a_2, \cdots, a_n$ 外均解析，在闭区域 $D+L$ 上除 $a_1, a_2, \cdots, a_n$ 外连续，则

$$\oint_L f(z)\mathrm{d}z = 2\pi\mathrm{i}\sum_{k=1}^n \text{Res}(f, a_k)$$

证明 以 $a_1, a_2, \cdots, a_n$ 为圆心，分别作圆 $C_1, C_2, \cdots, C_n$，使得 $C_1, C_2, \cdots, C_n$ 中每个圆都在其余圆的外部，同时它们又都在 L 的内部，根据定理 3.4, $\oint_L f(z)\mathrm{d}z = \sum_{k=1}^n \oint_{C_k} f(z)\mathrm{d}z$.

而 $\text{Res}(f, a_k) = \frac{1}{2\pi\mathrm{i}}\oint_{C_k} f(z)\mathrm{d}z (k=1,2,\cdots,n)$，所以

$$\oint_L f(z)\mathrm{d}z = 2\pi\mathrm{i}\sum_{k=1}^n \text{Res}(f, a_k).$$

证毕.

定理 5.2 设 $f(z)$ 在扩充复平面上除有限个奇点 $a_1, a_2, \cdots, a_n, \infty$ 外均解析，则 $f(z)$ 在点 $a_1, a_2, \cdots, a_n, \infty$ 的留数之和为零，即

$$\sum_{k=1}^n \text{Res}(f, a_k) + \text{Res}(f, \infty) = 0.$$

证明 作圆 $C: |z|=\rho$，使得 $a_1, a_2, \cdots, a_n$ 包含在圆内，由定理 5.1 得，

$$\oint_C f(z)\mathrm{d}z = 2\pi\mathrm{i}\sum_{k=1}^n \text{Res}(f, a_k).$$

而 $\text{Res}(f,\infty) = \frac{1}{2\pi\mathrm{i}}\oint_{C^-} f(z)\mathrm{d}z = -\frac{1}{2\pi\mathrm{i}}\oint_C f(z)\mathrm{d}z$，所以

$$\sum_{k=1}^{n}\operatorname{Res}(f,a_k)+\operatorname{Res}(f,\infty)=0$$

证毕.

例 5.6 设 $f(z)$ 在复平面上除 1 与 2 两个奇点外解析，且 $\operatorname{Res}(f,1)=4, \operatorname{Res}(f,2)=-7$，求积分 $\oint_{|z|=3}f(z)\mathrm{d}z$ 的值.

解 $$\oint_{|z|=3}f(z)\mathrm{d}z=2\pi\mathrm{i}(4-7)=-6\pi\mathrm{i}.$$

习题 5-1

1. 求下列函数在指定点的留数：

（1）$\dfrac{z^2}{z^2+1}, z=\pm\mathrm{i}$ ；

（2）$\dfrac{1}{z^3-z^5}, z=0,\pm 1$ ；

（3）$\dfrac{z}{(z-1)(z+1)^2}, z=\pm 1,\infty$ ；

（4）$\dfrac{1}{\sin z}, z=n\pi (n\in\mathbb{Z})$ ；

（5）$\mathrm{e}^{\frac{1}{z-1}}, z=1$ ；

（6）$\cos z-\sin z, z=\infty$ ；

（7）$\dfrac{z^2+z-1}{z^2(z-1)}, z=0,1,\infty$ ；

（8）$\dfrac{\mathrm{e}^z}{z\sin z}, z=0$.

2. 用留数计算下列积分：

（1）$\oint_{|z|=1}\dfrac{1}{z\sin z}\mathrm{d}z$ ；

（2）$\oint_{|z|=\frac{1}{2}}\dfrac{\mathrm{e}^z}{(z-1)(z+3)^2}\mathrm{d}z$ ；

（3）$\oint_{|z|=2}\dfrac{\mathrm{e}^{2z}}{(z-1)^2}\mathrm{d}z$ ；

（4）$\oint_{|z|=\frac{1}{2}}\dfrac{\sin z}{z(1-\mathrm{e}^z)}\mathrm{d}z$ ；

（5）$\oint_{|z|=2}\dfrac{\mathrm{e}^{z\mathrm{i}}}{1+z^2}\mathrm{d}z$ ；

（6）$\oint_{|z|=3}\dfrac{1}{(z-1)^n(z-2)^n}\mathrm{d}z, n\in\mathbb{N}^+$.

5.2 用留数计算实积分

有些实积分可以借助复积分来进行求解.

引理 5.1 设 A_R 是圆 $C_R:|z|=R$ 上的一段有向弧 $z(\theta)=R(\cos\theta+\mathrm{i}\sin\theta)(\alpha\leqslant\theta\leqslant\beta)$，起点为 $z(\alpha)$，终点为 $z(\beta)$（见图 5.1）. 函数 $f(z)$ 在 A_R 上连续，且 $\lim\limits_{R\to+\infty}zf(z)=k$ 在 A_R 上一致成立，则

$$\lim_{R\to+\infty}\int_{A_R}f(z)\mathrm{d}z=\mathrm{i}(\beta-\alpha)k.$$

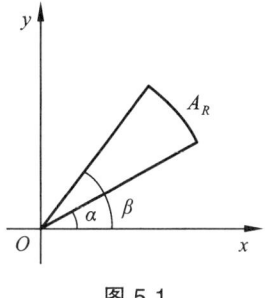

图 5.1

证明 $\forall \varepsilon > 0, \exists R_0$,当 $R > R_0$ 时,有 $|zf(z)-k| < \dfrac{\varepsilon}{\beta-\alpha}$. 则

$$\left|\int_{A_R} f(z)\mathrm{d}z - \mathrm{i}(\beta-\alpha)k\right| = \left|\int_{A_R} f(z)\mathrm{d}z - \int_{A_R} \frac{k}{z}\mathrm{d}z\right|$$

$$= \left|\int_{A_R} \frac{zf(z)-k}{z}\mathrm{d}z\right|$$

$$\leqslant \int_{A_R} \frac{|zf(z)-k|}{|z|}|\mathrm{d}z|$$

$$\leqslant \frac{\varepsilon}{\beta-\alpha}\cdot\frac{1}{R}(\beta-\alpha)R$$

$$= \varepsilon$$

所以

$$\lim_{R\to+\infty}\int_{A_R} f(z)\mathrm{d}z = \mathrm{i}(\beta-\alpha)k$$

证毕.

定理 5.3 设 $f(z)=\dfrac{P(z)}{Q(z)}$,其中 $P(z)$ 与 $Q(z)$ 分别是 m 与 n 次多项式,$P(z)$ 与 $Q(z)$ 无公因式,且满足:

(1) $m-n \leqslant 2$;

(2) 在实轴上,$Q(z) \neq 0$,

则

$$\int_{-\infty}^{+\infty} f(x)\mathrm{d}x = 2\pi\mathrm{i}\sum_{\mathrm{Im}\,a_k>0}\mathrm{Res}(f,a_k).$$

其中 a_k 为 $f(z)$ 在复平面内的孤立奇点.

证明 由(1)和(2)知,$\int_{-\infty}^{+\infty} f(x)\mathrm{d}x$ 收敛且等于 $\lim\limits_{R\to+\infty}\int_{-R}^{R} f(x)\mathrm{d}x$. 取上半圆弧 $A_R: z=Re^{\mathrm{i}\theta}$,$(0\leqslant\theta\leqslant\pi)$. 由线段 $[-R,R]$ 及 A_R 合成围线 L(见图 5.2). 取 R 充分大,使 L 内含有 $f(z)$ 在上半平面内所有孤立奇点.

由(2)知,$f(z)$ 在 L 上没有奇点,所以

$$\int_L f(z)\mathrm{d}z = 2\pi\mathrm{i}\sum_{\mathrm{Im}\,a_k>0}\mathrm{Res}(f,a_k).$$

即
$$\int_{-R}^{R} f(x)dx + \int_{A_R} f(z)dz = 2\pi i \sum_{\text{Im}a_k > 0} \text{Res}(f, a_k).$$

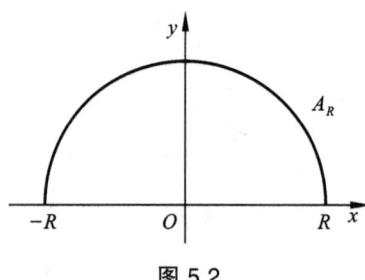

图 5.2

由（1）得
$$\lim_{R \to +\infty} zf(z) = 0,$$

再由引理 5.1 得
$$\lim_{R \to +\infty} \int_{A_R} f(z)dz = i(\pi - 0) \cdot 0 = 0.$$

所以
$$\int_{-\infty}^{+\infty} f(x)dx = 2\pi i \sum_{\text{Im}a_k > 0} \text{Res}(f, a_k).$$

证毕.

例 5.7 计算 $\int_{-\infty}^{+\infty} \frac{1}{x^2 + 1}dx$.

解 $\int_{-\infty}^{+\infty} \frac{1}{x^2 + 1}dx = 2\pi i \cdot \text{Res}\left(\frac{1}{z^2 + 1}, i\right) = 2\pi i \cdot \frac{1}{2z}\bigg|_{z=i} = 2\pi i \cdot \frac{1}{2i} = \pi.$

例 5.8 设 $a > 0$, 计算 $\int_0^{+\infty} \frac{1}{x^4 + a^4}dx$.

解 由 $z^4 + a^4 = 0$ 得 $z_1 = ae^{\frac{i\pi}{4}}, z_2 = ae^{\frac{i3\pi}{4}}, z_3 = ae^{\frac{i5\pi}{4}}, z_4 = ae^{\frac{i7\pi}{4}}$, 其中 z_1, z_2 的虚部大于零. 且

$$\text{Res}\left(\frac{1}{z^4 + a^4}, z_1\right) = \frac{1}{4z^3}\bigg|_{z=z_1} = \frac{1}{4a^3 e^{\frac{3\pi i}{4}}} = -\frac{\sqrt{2}}{8a^3} - \frac{\sqrt{2}i}{8a^3},$$

$$\text{Res}\left(\frac{1}{z^4 + a^4}, z_2\right) = \frac{1}{4z^3}\bigg|_{z=z_2} = \frac{1}{4a^3 e^{\frac{\pi i}{4}}} = \frac{\sqrt{2}}{8a^3} - \frac{\sqrt{2}i}{8a^3},$$

所以
$$\int_0^{+\infty} \frac{1}{x^4 + a^4}dx = \frac{1}{2}\int_{-\infty}^{+\infty} \frac{1}{x^4 + a^4}dx = \pi i\left(-\frac{\sqrt{2}}{8a^3} - \frac{\sqrt{2}i}{8a^3} + \frac{\sqrt{2}}{8a^3} - \frac{\sqrt{2}i}{8a^3}\right) = \frac{\sqrt{2}\pi}{4a^3}.$$

引理 5.2 （若尔当引理） 设 $f(z)$ 在半圆弧 $A_R: z = Re^{i\theta} (0 \leqslant \theta \leqslant \pi)$ 上连续，且 $\lim\limits_{R \to +\infty} f(z) = 0$ 在 A_R 上一致成立. 则对任意的 $\beta > 0$，有

$$\lim_{R \to +\infty} \int_{A_R} f(z) e^{i\beta z} dz = 0$$

证明 当 $0 \leqslant \theta \leqslant \dfrac{\pi}{2}$ 时，$\sin\theta \geqslant \dfrac{2\theta}{\pi}$.

$\forall \varepsilon > 0, \exists R_0$，当 $R > R_0$ 时，$|f(z)| = |f(Re^{i\theta})| < \varepsilon$.

则

$$\left| \int_{A_R} f(z) e^{i\beta z} dz \right| = \left| \int_0^\pi f(Re^{i\theta}) e^{i\beta Re^{i\theta}} dRe^{i\theta} \right|$$

$$= \left| \int_0^\pi f(Re^{i\theta}) e^{i\beta R(\cos\theta + i\sin\theta)} Re^{i\theta} i d\theta \right|$$

$$\leqslant \int_0^\pi \varepsilon e^{-R\beta \sin\theta} R d\theta$$

$$\leqslant 2 \int_0^{\frac{\pi}{2}} \varepsilon e^{-R\beta \frac{2\theta}{\pi}} R d\theta$$

$$= 2\varepsilon R \dfrac{e^{-R\beta \frac{2\theta}{\pi}}}{-R\beta \dfrac{2}{\pi}} \Bigg|_0^{\frac{\pi}{2}}$$

$$= \dfrac{\pi \varepsilon}{\beta}(1 - e^{-R\beta})$$

$$\leqslant \dfrac{\pi}{\beta} \varepsilon .$$

所以

$$\lim_{R \to +\infty} \int_{A_R} f(z) e^{i\beta z} dz = 0.$$

证毕.

定理 5.4 设 $f(z) = \dfrac{P(z)}{Q(z)}$，其中 $P(z)$ 与 $Q(z)$ 分别是 m 与 n 次多项式，$P(z)$ 与 $Q(z)$ 无公因式，且满足：

（1） $m - n \leqslant 1$；

（2） 在实轴上，$Q(z) \neq 0$，

则对 $\forall \beta > 0$，有

$$\int_{-\infty}^{+\infty} f(x) e^{i\beta x} dx = 2\pi i \sum_{\text{Im} a_k > 0} \text{Res}(f(z) e^{i\beta z}, a_k).$$

其中 a_k 为 $f(z)$ 在复平面内的孤立奇点.

证明 $$\int_{-\infty}^{+\infty} f(x)\mathrm{e}^{\mathrm{i}\beta x}\mathrm{d}x = \int_{-\infty}^{+\infty} f(x)\cos\beta x\mathrm{d}x + \mathrm{i}\int_{-\infty}^{+\infty} f(x)\sin\beta x\mathrm{d}x$$

根据狄里克莱判别法知，$\int_{-\infty}^{+\infty} f(x)\mathrm{e}^{\mathrm{i}\beta x}\mathrm{d}x$ 收敛且等于 $\lim\limits_{R\to+\infty}\int_{-R}^{R} f(x)\mathrm{e}^{\mathrm{i}\beta x}\mathrm{d}x$. 取上半圆 $A_R : z = R\mathrm{e}^{\mathrm{i}\theta}$，$0 \leqslant \theta \leqslant \pi$. 由线段 $[-R, R]$ 及 A_R 合成围线 L. 取 R 充分大，使 L 内含 $f(z)$ 在上半平面内所有的孤立奇点.

由（2）知，$f(z)$ 在 L 上没有奇点，所以

$$\oint_L f(z)\mathrm{e}^{\mathrm{i}\beta z}\mathrm{d}z = 2\pi\mathrm{i}\sum_{\mathrm{Im}\,a_k > 0} \mathrm{Res}(f(z)\mathrm{e}^{\mathrm{i}\beta z}, a_k).$$

即

$$\int_{-R}^{R} f(x)\mathrm{e}^{\mathrm{i}\beta x}\mathrm{d}x + \int_{A_R} f(z)\mathrm{e}^{\mathrm{i}\beta z}\mathrm{d}z = 2\pi\mathrm{i}\sum_{\mathrm{Im}\,a_k > 0} \mathrm{Res}(f(z)\mathrm{e}^{\mathrm{i}\beta z}, a_k).$$

由（1）得 $\lim\limits_{R\to+\infty} f(z) = 0$，再由引理 5.2 得 $\lim\limits_{R\to+\infty}\int_{A_R} f(z)\mathrm{e}^{\mathrm{i}\beta z}\mathrm{d}z = 0$.

所以

$$\int_{-\infty}^{+\infty} f(x)\mathrm{e}^{\mathrm{i}\beta x}\mathrm{d}x = 2\pi\mathrm{i}\sum_{\mathrm{Im}\,a_k > 0} \mathrm{Res}(f(z)\mathrm{e}^{\mathrm{i}\beta z}, a_k).$$

证毕.

例 5.9 计算 $\int_{-\infty}^{+\infty} \dfrac{x\cos x}{x^2 - 2x + 10}\mathrm{d}x.$

解 首先构造积分 $\int_{-\infty}^{+\infty} \dfrac{x\mathrm{e}^{\mathrm{i}x}}{x^2 - 2x + 10}\mathrm{d}x$. 令 $f(z) = \dfrac{z\mathrm{e}^{\mathrm{i}z}}{z^2 - 2z + 10}$，则 $f(z)$ 有两个一阶零点 $z = 1 \pm 3\mathrm{i}$. 于是

$$\int_{-\infty}^{+\infty} \frac{x\mathrm{e}^{\mathrm{i}x}}{x^2 - 2x + 10}\mathrm{d}x = 2\pi\mathrm{i}\,\mathrm{Res}(f, 1+3\mathrm{i})$$

$$= 2\pi\mathrm{i}\left.\frac{z\mathrm{e}^{\mathrm{i}z}}{(z^2 - 2z + 10)'}\right|_{z = 1+3\mathrm{i}}$$

$$= \frac{2\pi\mathrm{i}(1+3\mathrm{i})\mathrm{e}^{-3+\mathrm{i}}}{2(1+3\mathrm{i}) - 2}$$

$$= \frac{\pi}{3}(1+3\mathrm{i})\mathrm{e}^{-3}(\cos 1 + \mathrm{i}\sin 1)$$

$$= \frac{\pi}{3\mathrm{e}^3}[(\cos 1 - 3\sin 1) + \mathrm{i}(3\cos 1 + \sin 1)]$$

$$= \frac{\pi\cos 1 - 3\pi\sin 1}{3\mathrm{e}^3} + \mathrm{i}\frac{3\pi\cos 1 + \pi\sin 1}{3\mathrm{e}^3}$$

所以

$$\int_{-\infty}^{+\infty}\frac{x\cos x}{x^2-2x+10}\mathrm{d}x=\frac{\pi\cos 1-3\pi\sin 1}{3\mathrm{e}^3}.$$

同时还可得到

$$\int_{-\infty}^{+\infty}\frac{x\sin x}{x^2-2x+10}\mathrm{d}x=\frac{3\pi\cos 1+\pi\sin 1}{3\mathrm{e}^3}.$$

 习题 5-2

1. 计算下列积分：

（1）$\int_{-\infty}^{+\infty}\frac{1}{(x^2+a^2)(x^2+b^2)}\mathrm{d}x, a>0, b>0$；

（2）$\int_{-\infty}^{+\infty}\frac{1}{x^2-x+2}\mathrm{d}x$；

（3）$\int_{0}^{+\infty}\frac{x^2}{2x^4+5x^2+2}\mathrm{d}x$；

（4）$\int_{-\infty}^{+\infty}\frac{1}{(x^2+1)(x^4+1)}\mathrm{d}x$.

2. 计算下列积分：

（1）$\int_{-\infty}^{+\infty}\frac{\cos x}{x^2+9}\mathrm{d}x$；

（2）$\int_{0}^{+\infty}\frac{x\sin ax}{x^2+1}\mathrm{d}x, a>0$；

（3）$\int_{-\infty}^{+\infty}\frac{x\sin x}{x^2+4x+20}\mathrm{d}x$；

（4）$\int_{-\infty}^{+\infty}\frac{\cos x}{(x^2+1)(x^2+9)}\mathrm{d}x$.

5.3 辐角原理

留数理论有许多经典的结论，应用这些结论可以得到许多奇妙的结果.

5.3.1 对数留数

定理 5.5 设 L 是一条围线，函数 $f(z)$ 在 L 内部有零点 $a_1, a_2, \cdots, a_m$，它们的阶数分别为 $\alpha_1, \alpha_2, \cdots, \alpha_m$. 当 $z \in L$ 时，$f(z) \neq 0$，$f(z)$ 在 L 内部有极点 $b_1, b_2, \cdots, b_n$，它们的阶数分别为 $\beta_1, \beta_2, \cdots, \beta_n$. $f(z)$ 在 L 内部及 L 上除 $b_1, b_2, \cdots, b_n$ 外解析，则

$$\frac{1}{2\pi\mathrm{i}}\oint_L \frac{f'(z)}{f(z)}\mathrm{d}z = \sum_{k=1}^{m}\alpha_k - \sum_{k=1}^{n}\beta_k.$$

证明 首先证 $a_1, a_2, \cdots, a_m$ 与 $b_1, b_2, \cdots, b_n$ 都是 $\dfrac{f'(z)}{f(z)}$ 的一阶极点.

（1）因为 a_k 是 $f(z)$ 的 α_k 阶零点，所以存在 $R_1 > 0$，使得在 $|z - a_k| < R_1$ 上，有 $f(z) = (z - a_k)^{\alpha_k} \varphi(z)$，其中 $\varphi(z)$ 解析，$\varphi(a_k) \neq 0$. 于是

$$\frac{f'(z)}{f(z)} = \frac{\alpha_k}{z - a_k} + \frac{\varphi'(z)}{\varphi(z)}.$$

由于 $\dfrac{\varphi'(z)}{\varphi(z)}$ 在点 a_k 解析，故 a_k 为 $\dfrac{f'(z)}{f(z)}$ 的一阶极点 $(k = 1, 2, \cdots, m)$.

（2）因为 b_k 是 $f(z)$ 的 β_k 阶极点，所以存在 $R_2 > 0$，使得在 $|z - b_k| < R_2$ 上，有 $f(z) = \dfrac{\psi(z)}{(z - b_k)^{\beta_k}}$，其中 $\psi(z)$ 解析，$\psi(b_k) \neq 0$. 于是

$$\frac{f'(z)}{f(z)} = \frac{\psi'(z)}{\psi(z)} - \frac{\beta_k}{z - b_k}.$$

由于 $\dfrac{\psi'(z)}{\psi(z)}$ 在点 b_k 解析，故 b_k 为 $\dfrac{f'(z)}{f(z)}$ 的一阶极点 $(k = 1, 2, \cdots, n)$.

因此，$\dfrac{f'(z)}{f(z)}$ 在 L 内部及 L 上除 $m + n$ 个一阶极点外都是解析的. 于是

$$\frac{1}{2\pi i} \oint_L \frac{f'(z)}{f(z)} \mathrm{d}z = \sum_{k=1}^{m} \mathrm{Res}\left(\frac{f'(z)}{f(z)}, a_k\right) + \sum_{k=1}^{n} \mathrm{Res}\left(\frac{f'(z)}{f(z)}, b_k\right) = \sum_{k=1}^{m} \alpha_k - \sum_{k=1}^{n} \beta_k.$$

证毕.

例 5.10 计算 $\oint_{|z|=4} \dfrac{10 z^9}{z^{10} - 1} \mathrm{d}z$.

解 因为 $(z^{10} - 1)' = 10 z^9$，且 $z^{10} - 1$ 有 10 个一阶零点，所以

$$\oint_{|z|=4} \frac{10 z^9}{z^{10} - 1} \mathrm{d}z = 2\pi i \times 10 = 20\pi i.$$

5.3.2 辐角原理

定理 5.6 （辐角原理）在定理 5.5 的条件下，有

$$\sum_{k=1}^{m} \alpha_k - \sum_{k=1}^{n} \beta_k = \frac{1}{2\pi} \Delta_L \mathrm{Arg} f(z),$$

其中 $\Delta_L \mathrm{Arg} f(z)$ 表示 z 沿 L 的正向绕行一周时，$f(z)$ 的辐角改变量.

证明
$$\sum_{k=1}^{m}\alpha_k - \sum_{k=1}^{n}\beta_k = \frac{1}{2\pi i}\oint_L \frac{f'(z)}{f(z)}dz$$

$$= \frac{1}{2\pi i}\oint_L d\ln f(z)$$

$$= \frac{1}{2\pi i}\oint_L d\ln|f(z)| + i\frac{1}{2\pi i}\oint_L d\,\mathrm{Arg}f(z)$$

$$= 0 + \frac{1}{2\pi}\Delta_L \mathrm{Arg}f(z)$$

$$= \frac{1}{2\pi}\Delta_L \mathrm{Arg}f(z).$$

证毕.

5.3.3 鲁歇定理

定理 5.7 （鲁歇定理）设 L 为一条围线，若函数 $f(z)$ 与 $g(z)$ 均在 L 内部及 L 上解析，且满足
$$|g(z)| < |f(z)|, z \in L,$$
则 $f(z) + g(z)$ 与 $f(z)$ 在 L 内部的零点个数相同（n 阶零点算作 n 个零点）.

证明 根据辐角原理，只需证明 $\frac{1}{2\pi}\Delta_L \mathrm{Arg}(f(z)+g(z)) = \frac{1}{2\pi}\Delta_L \mathrm{Arg}f(z)$.

$$\Delta_L \mathrm{Arg}(f(z)+g(z)) = \Delta_L \mathrm{Arg}\left(f(z)\left(1+\frac{g(z)}{f(z)}\right)\right) = \Delta_L \mathrm{Arg}f(z) + \Delta_L \mathrm{Arg}\left(1+\frac{g(z)}{f(z)}\right).$$

令 $w = 1 + \frac{g(z)}{f(z)}$，由最大模原理，有 $|w-1| = \left|\frac{g(z)}{f(z)}\right| < 1$. 因为 $|w-1| < 1$ 不包含原点，故

$$\Delta_L \mathrm{Arg}\left(1+\frac{g(z)}{f(z)}\right) = 0.$$

于是
$$\frac{1}{2\pi}\Delta_L \mathrm{Arg}(f(z)+g(z)) = \frac{1}{2\pi}\Delta_L \mathrm{Arg}f(z).$$

所以 $f(z) + g(z)$ 与 $f(z)$ 在 L 内部的零点个数相同.
证毕.

例 5.11 求 $f(z) = z^8 - 5z^5 - 2z + 1$ 在 $|z| < 1$ 内的零点个数.

解 令
$$g(z) = -5z^5, h(z) = z^8 - 2z + 1.$$

显然 $g(z)$ 与 $h(z)$ 在 $|z| \leqslant 1$ 上解析，且在 $|z|=1$ 上有 $|g(z)|=5$，$|h(z)| \leqslant |z|^8 + 2|z| + 1 = 4$，所以在 $|z|=1$ 上 $|g(z)| > |h(z)|$. 故 $f(z) = g(z) + h(z)$ 与 $g(z)$ 在 $|z| \leqslant 1$ 内零点个数相同.

因为 $g(z) = -5z^5$ 在 $|z| \leqslant 1$ 内有 5 个零点（1 个五阶零点 0），故 $f(z)$ 在 $|z| \leqslant 1$ 内有 5 个零点.

例 5.12 试证任意一个 n 次多项式 $P(z) = c_0 z^n + c_1 z^{n-1} + c_2 z^{n-2} + \cdots + c_n, c_0 \neq 0, n \geqslant 1$，在复平面上必有 n 个零点（m 阶零点算作 m 个零点）.

证明 取 $R > \max\left\{\dfrac{|c_1| + |c_2| + \cdots + |c_n|}{|c_0|}, 1\right\}$. 令 $f(z) = c_0 z^n$，$g(z) = c_1 z^{n-1} + c_2 z^{n-2} + \cdots + c_n$，则 $f(z), g(z)$ 在 $|z| \leqslant R$ 上解析，且当 $|z| = R$ 时，

$$|g(z)| = |c_1 z^{n-1} + c_2 z^{n-2} + \cdots + c_n|$$

$$\leqslant |c_1| R^{n-1} + |c_2| R^{n-2} + \cdots + |c_n|$$

$$\leqslant (|c_1| + |c_2| + \cdots + |c_n|) R^{n-1}$$

$$= \frac{|c_1| + |c_2| + \cdots + |c_n|}{|c_0|} |c_0| R^{n-1}$$

$$< R |c_0| R^{n-1} = |c_0| R^n = |f(z)|.$$

所以 $P(z) = f(z) + g(z)$ 与 $f(z)$ 在 $|z| < R$ 上零点个数相同，而 $f(z) = c_0(z-0)^n$ 在 $|z| < R$ 上有 n 个零点（1 个 n 阶零点 0），故 $P(z)$ 有 n 个零点. 又因为不论 R 取多大，$f(z)$ 在 $|z| < R$ 上只有 n 个零点，所以 $P(z)$ 的零点不会超过 n 个，于是 $P(z)$ 在复平面上必有 n 个零点.

证毕.

例 5.13 试证：若函数 $f(z)$ 在区域 D 上单叶解析，则在 D 上 $f'(z) \neq 0$.

证明 用反证法. 假设存在 z_0 使得 $f'(z_0) = 0$，则 z_0 是 $f(z) - f(z_0)$ 的一个二阶以上的零点，设为 n 阶，则有 $n \geqslant 2$.

由解析函数零点的孤立性可知，$\exists \delta > 0$，使得在圆 $C: |z - z_0| = \delta$ 上及其内部，$f(z) - f(z_0)$ 与 $f'(z)$ 只有一个零点 z_0.

因为在 C 上 $f(z) - f(z_0) \neq 0$，故存在 $m > 0$，使得

$$|f(z) - f(z_0)| \geqslant m, z \in C.$$

取 $0 < t < m$，则函数 $f(z) - f(z_0) - t$ 与 $f(z) - f(z_0)$ 在 C 内部有相同个数的零点，所以其零点个数为 n.

设 a 为函数 $f(z) - f(z_0) - t$ 的一个零点，则 $a \neq z_0$，于是 $f'(a) \neq 0$，所以 a 为一阶零点.

因为 $n \geqslant 2$，所以 $f(z) - f(z_0) - t$ 还有其他零点，设为 b，则 $f(a) = f(b) = f(z_0) + t$. 这与 $f(z)$ 在区域 D 上单叶矛盾，故假设不成立.

证毕.

习题 5-3

1. 试问方程 $z^4 - 8z + 10 = 0$ 在 $|z|<1$ 内与 $1<|z|<3$ 内各有几个根？
2. 试确定下列方程在 $|z|<1$ 内根的个数：

（1） $z^9 - 2z^6 + z^2 - 8z - 2 = 0$；

（2） $2z^5 - z^3 + 3z^2 - z + 8 = 0$；

（3） $z^6 + 4z^5 + z^2 - 1 = 0$；

（4） $z^6 + 6z + 10 = 0$.

6 共形映射

6.1 解析变换的特性

对于某些形状不同的区域甚至差异极大的区域，令人惊奇的是，它们之间居然存在解析的一一映射。本节专门来探究解析变换的特性。

6.1.1 保域定理

定理 6.1 （保域定理）若函数 $w = f(z)$ 在区域 D 上解析，且不是常值函数，则区域 D 的像 $D^* = f(D)$ 也是区域。

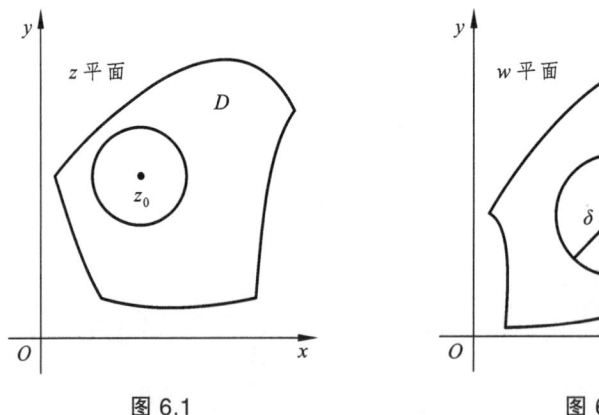

图 6.1　　　　　图 6.2

证明　（1）首先证 D^* 是开集。

如图 6.1、图 6.2 所示，$\forall w_0 \in D^*, \exists z_0 \in D$，使得 $f(z_0) = w_0$，所以 z_0 是 $f(z) - w_0$ 的一个零点。

又因为 $f(z)$ 解析，根据零点孤立性定理可知，存在圆 $C: |z - z_0| = R$，使得 $f(z) - w_0$ 在 C 上不等于零，在 C 内只有 z_0 一个零点。

于是 $\exists \delta > 0$, 使得在 C 上, $|f(z) - w_0| \geqslant \delta$.

作圆 $C^*: |w - w_0| = \delta$, 设 w^* 是 C^* 内部（即 $U(w_0, \delta)$）的任意一点, 有

$$|w_0 - w^*| < \delta \leqslant |f(z) - w_0|, z \in C.$$

所以 $f(z) - w_0$ 与 $f(z) - w^* = f(z) - w_0 + w_0 - w^*$ 在 C 内有相同个数的零点.

因为 $f(z) - w_0$ 在 C 内只有一个零点, 所以 $f(z) - w^*$ 在 C 内也只有一个零点, 设为 z^*. 则有 $f(z^*) = w^*$.

于是 w_0 的邻域 $U(w_0, \delta) \subset D^*$. 所以 w_0 是 D^* 的内点. 因此 D^* 是开集.

（2）再证连通性.

$\forall w_1, w_2 \in D^*, \exists z_1, z_2 \in D$, 使得 $f(z_1) = w_1, f(z_2) = w_2$. 因为 D 是连通的, 所以在 D 内存在折线 Γ, 使得 Γ 连接 z_1 与 z_2. 因为 Γ 的像 $f(\Gamma)$ 是 D^* 内的有界闭集, 所以 $f(\Gamma)$ 在 D^* 内存在有限个开圆覆盖. 在这有限个开圆覆盖内可以作出折线 Γ^* 连接 w_1 与 w_2. 因此 D^* 是连通的.

综合（1）（2）得, D^* 是区域.

证毕.

6.1.2 保角映射与共形映射

首先介绍解析函数的保角性.

设 D 为区域, 函数 $w = f(z)$ 在 D 上解析. 设 $z_0 \in D, f'(z_0) \neq 0$, 设 L 为从 z_0 出发的连续曲线, 其方程为 $z = z(t)(t_0 \leqslant t \leqslant t_1), z(t_0) = z_0, z'(t_0) \neq 0$, 则该曲线 L 在点 z_0 存在切线, 且该切线与正实轴夹角为 $\mathrm{Arg}z'(t_0)$（见图 6.3）.

设 $L^* = f(L)$, 则曲线 L^* 的方程为 $w = f(z(t)), t_0 \leqslant t \leqslant t_1$. 设 $w_0 = f(z(t_0))$, 因为 $w'(t_0) = f'(z(t_0))z'(t_0) = f'(z_0)z'(t_0) \neq 0$, 所以 $w = f(z(t))$ 在点 w_0 存在切线且该切线与正实轴夹角为 $\mathrm{Arg}w'(t_0)$（见图 6.4）, 又 $\mathrm{Arg}w'(t_0) = \mathrm{Arg}f'(z_0)z'(t_0) = \mathrm{Arg}f'(z_0) + \mathrm{Arg}z'(t_0)$, 所以 $\mathrm{Arg}w'(t_0) - \mathrm{Arg}z'(t_0) = \mathrm{Arg}f'(z_0)$.

曲线 L^* 在点 $w = w_0$ 的切线可由原像曲线 L 在点 $z = z_0$ 的切线旋转角度 $\mathrm{Arg}f'(z_0)$ 得到, 称 $\mathrm{Arg}f'(z_0)$ 为 $w = f(z)$ 在点 $z = z_0$ 的旋转角, 此旋转角与曲线的选择无关, 称这种性质为旋转不变性.

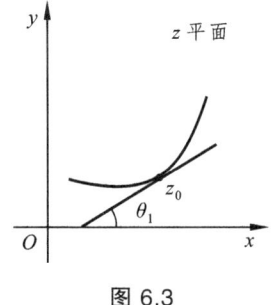

图 6.3

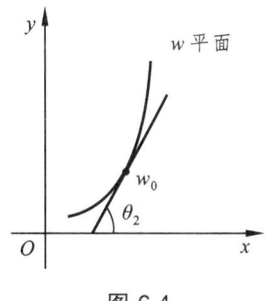

图 6.4

因为
$$|f'(z_0)| = \lim_{z \to z_0} \frac{|f(z)-f(z_0)|}{|z-z_0|} \neq 0,$$

从 w_0 出发的无穷小曲线弧长与从 z_0 出发的原像曲线弧长之比的极限为 $|f'(z_0)|$，称 $|f'(z_0)|$ 为 $w=f(z)$ 在点 z_0 的伸缩率. 这种伸缩率与曲线的选取无关，称这种性质为伸缩不变性.

定义 6.1 若连续映射 $w=f(z)$ 使得通过已知点的任意两条有向连续曲线间的夹角大小及方向保持不变，则称此映射在该点是保角的. 如果连续映射 $w=f(z)$ 在区域 D 内各点都是保角的，则称其为 D 内的保角映射.

定理 6.2 设函数 $w=f(z)$ 在区域 D 上是解析的，则它在导数不为零的点是保角的.

定理 6.3 设函数 $w=f(z)$ 在区域 D 上单叶解析，则它是保角的.

定义 6.2 设函数 $w=f(z)$ 在区域 D 上是单叶的且是保角的，则称其是共形的，称 $w=f(z)$ 是 D 上的共形映射.

定理 6.4 设函数 $w=f(z)$ 在区域 D 上单叶解析，则

（1）$w=f(z)$ 将区域 D 共形映射到区域 $D^* = f(D)$.

（2）$w=f(z)$ 的反函数 $z=f^{-1}(w)$ 在区域 D^* 上解析，且 $(f^{-1}(w_0))' = \dfrac{1}{f'(z_0)}$，$z_0 \in D$，$w_0 \in D^*$，$w_0 = f(z_0)$.

证明（1）因为 $w=f(z)$ 在区域 D 上单叶解析，所以 $w=f(z)$ 是 D 上的共形映射，再由保域定理知 $D^* = f(D)$ 为区域.

（2）因为 $w=f(z)$ 是单叶的，所以 $z=f^{-1}(w)$ 在 D^* 上单叶，当 $w=f(z) \neq w_0 = f(z_0)$ 时，必有 $z \neq z_0$. 于是 $\forall w_0 \in D^*$，有

$$\frac{f^{-1}(w)-f^{-1}(w_0)}{w-w_0} = \frac{z-z_0}{w-w_0} = \frac{1}{\dfrac{w-w_0}{z-z_0}}.$$

设 $w=f(z) = u(x,y)+\mathrm{i}v(x,y)$，因 $f(z)$ 在 D 上解析，对
$$\begin{cases} u = u(x,y), \\ v = v(x,y), \end{cases}$$

有
$$\begin{vmatrix} u_x & u_y \\ v_x & v_y \end{vmatrix} = \begin{vmatrix} u_x & -v_x \\ v_x & u_x \end{vmatrix} = u_x^2 + v_x^2 = |f'(z)|^2 \neq 0.$$

由隐函数存在定理知，存在二元函数
$$\begin{cases} x = x(u,v), \\ y = y(u,v), \end{cases}$$

使得它们在点 (u_0, v_0) 的某个邻域内连续，其中 $w_0 = u_0 + \mathrm{i}v_0$. 即在 w_0 的某个邻域内，当 $w \to w_0$ 时，有 $z = f^{-1}(w) \to z_0 = f^{-1}(w_0)$.

这样便有

$$\lim_{w \to w_0} \frac{f^{-1}(w) - f^{-1}(w_0)}{w - w_0} = \frac{1}{\lim_{z \to z_0} \dfrac{w - w_0}{z - z_0}} = \frac{1}{f'(z_0)}.$$

即 $z = f^{-1}(w)$ 在 D^* 内任意点均可导，故解析，且 $(f^{-1}(w_0))' = \dfrac{1}{f'(z_0)}$.

证毕.

6.1.3 共形映射的基本问题

任意给定两个单连通区域 D 与 D^*，是否存在共形映射将 D 映射为 D^* 呢？事实上，该问题等价于任给单连通区域 G，是否存在共形映射将 G 映射为单位圆？如果单连通区域的边界点为 1 个或 0 个，则答案是否定的；但如果边界点多于一个，答案就是肯定的.

定理 6.5 （黎曼映射存在与唯一性定理）若 D 为扩充复平面上的一个单连通区域，其边界点不止一个，则必存在单叶解析函数 $w = f(z)$ 将 D 变为单位圆 $K: |w| < 1$. 又若已知 D 内某一点 a 满足 $f(a) = 0$，$f'(a) > 0$，则映射是唯一的（见图 6.5、图 6.6）.

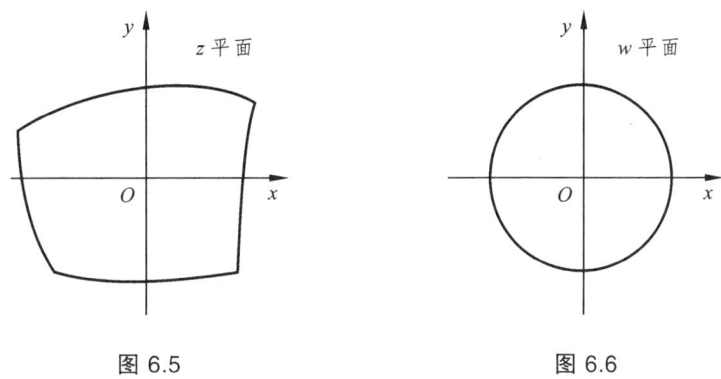

图 6.5　　　　图 6.6

定理 6.6 （边界对应定理）设有界单连通区域 D 与 D^* 的边界分别为围线 L 与 L^*，且 $w = f(z)$ 将 D 共形映射到 D^*，则 $f(z)$ 可以扩张成 $F(z)$，使得在 D 内 $F(z) = f(z)$，在 $\bar{D} = D + L$ 上 $F(z)$ 连续且将 L 双方单值并双方连续地变为 L^*.

定理 6.7 （边界对应定理的逆定理）设有界单连通区域 D 与 D^* 分别是围线 L 与 L^* 的内部，若函数 $w = f(z)$ 在 D 上解析，在 $\bar{D} = D + L$ 上连续，且将 L 双方单值并双方连续地变为 L^*，则 $w = f(z)$ 在 D 上单叶，并将 D 共形映射为 D^*.

6.1.4 初等函数的映射特性

1. 幂函数 $w = z^n$（$n > 1$，n 为正整数）

函数 $w = z^n$ 将扩充复平面映射成扩充复平面（取 $w(\infty) = \infty$），当 $z \neq 0, z \neq \infty$ 时，$w = z^n$ 是保角的。令 $z = re^{i\theta}, w = Re^{i\varphi}$，则 $R = r^n, \varphi = n\theta$.

（1）设 L 为射线 $\mathrm{Arg}\, z = \theta_0$，则 L 的像 L^* 为射线 $\mathrm{Arg}\, w = n\theta_0$（见图 6.7、图 6.8）.

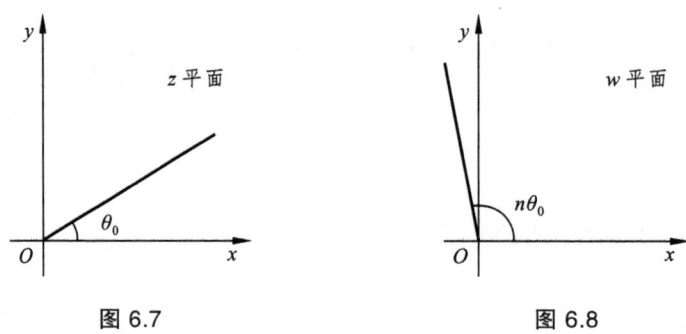

图 6.7　　　　　　图 6.8

（2）设 C 为圆 $|z| = r_0$，则 C 的像 C^* 为圆 $|w| = r_0^n$（见图 6.9、图 6.10）.

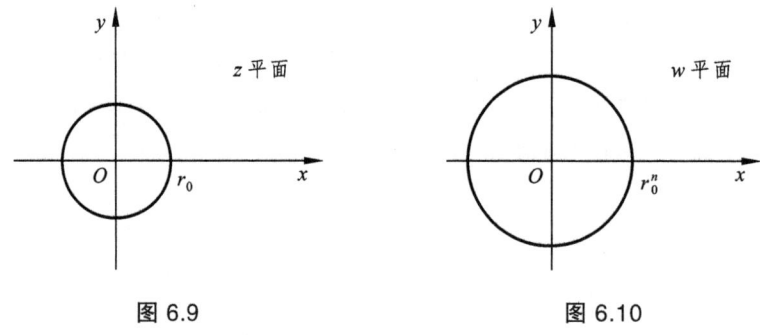

图 6.9　　　　　　图 6.10

（3）函数 $w = z^n$ 将模相等、辐角相差 $\dfrac{2\pi}{n}$ 的整数倍的点映射为同一个点.

（4）函数 $w = z^n$ 将 $G_k : k\dfrac{2\pi}{n} < \mathrm{Arg}\, z < (k+1)\dfrac{2\pi}{n}$（$k = 0,1,2,\cdots,n-1$）映射成 $G^* : 0 < \mathrm{Arg}\, w < 2\pi$，$G^*$ 为沿正实轴割破的复平面（见图 6.11、图 6.12）. G_k 为 $w = z^n$ 的单叶性区域（$k = 0,1,2,\cdots,n-1$）.

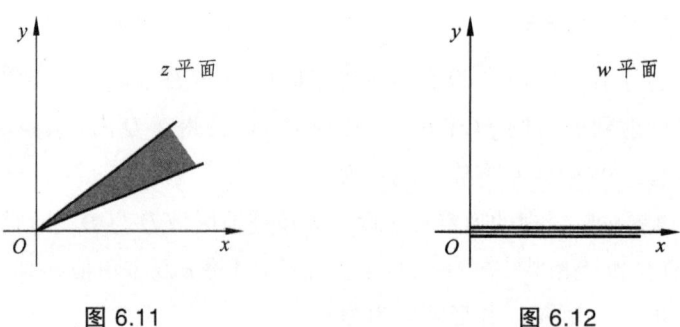

图 6.11　　　　　　图 6.12

2. 根式函数 $w = \sqrt[n]{z}$ （$n > 1$，n 为正整数）

函数 $w = \sqrt[n]{z}$ 的单值分支在 G^* 上单叶解析且分别将 G^* 映射成 $G_0, G_1, \cdots, G_{n-1}$（同前述幂函数（4））.

3. 指数函数 $w = e^z$

令 $z = x + iy, w = Re^{i\varphi}$，则 $R = e^x, \varphi = y$.

（1）设 L 为平行实轴的直线 $y = y_0$，则 L 的像 L^* 为一条自原点出发的射线 $\varphi = y_0$（见图 6.13、图 6.14）.

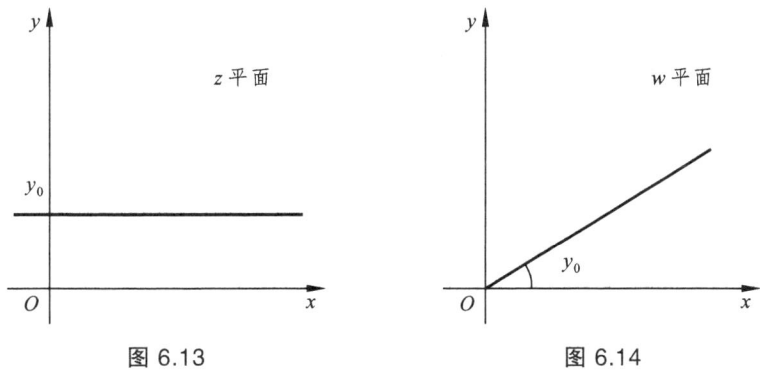

图 6.13　　　　　　　　图 6.14

（2）设 Γ 为线段 $x = x_0, 0 \leqslant y \leqslant 2\pi$，则 Γ 的像 Γ^* 为圆 $|w| = e^{x_0}$（见图 6.15、图 6.16）.

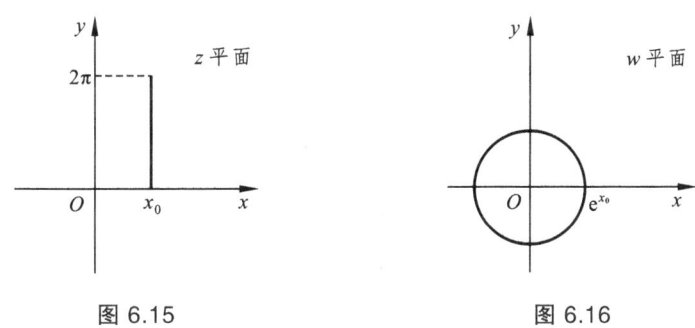

图 6.15　　　　　　　　图 6.16

（3）函数 $w = e^z$ 将 $D_k : -\infty < x < +\infty, 2k\pi < y < 2(k+1)\pi, k \in \mathbb{Z}$ 映射为 G^*（同前述幂函数（4））（见图 6.17、图 6.18），D_k 为 $w = e^z$ 的单叶性区域.

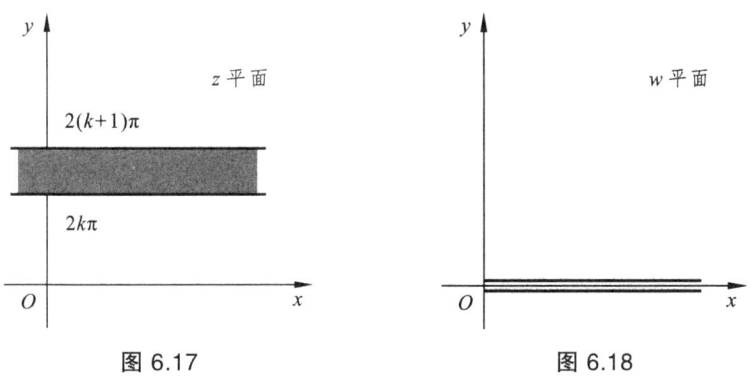

图 6.17　　　　　　　　图 6.18

4. 对数函数 $w = \operatorname{Ln} z$

函数 $w = \operatorname{Ln} z$ 的单值分支均在 G^*（同前述幂函数（4））上解析，且分别将 G^* 映射成 $\cdots, D_{-2}, D_{-1}, D_0, D_1, D_2, \cdots$（同前述指数函数（3））.

 习题 6-1

1. 试求映射 $w = z^2$ 在 z_0 处的旋转角和伸缩率：

（1） $z_0 = 1$；（2） $z_0 = -\dfrac{1}{4}$；（3） $z_0 = 1 + \mathrm{i}$；（4） $z_0 = -3 + 4\mathrm{i}$.

2. 试求正方形 $0 < x < 1, 0 < y < 1$ 经过 $f(z) = z^2$ 变换后的面积.

6.2 分式线性变换

6.2.1 分式线性变换的定义及其分解

定义 6.3 我们称 $w = \dfrac{az + b}{cz + d}$ 为分式线性变换，其中 $a, b, c, d \in \mathbb{C}, ad - bc \neq 0$.

在扩充复平面上，约定：

（1）当 $c \neq 0$ 时，$w\left(-\dfrac{d}{c}\right) = \infty, w(\infty) = \dfrac{a}{c}$；

（2）当 $c = 0$ 时，$w(\infty) = \infty$.

分式线性变换 $w = \dfrac{az + b}{cz + d}$ 的逆变换（反函数）$z = \dfrac{-dw + b}{cw - a}$ 仍是分式线性变换，并且在扩充复平面上它们都是单叶的.

（1）当 $c \neq 0$ 时，$w = \dfrac{bc - ad}{c} \cdot \dfrac{1}{cz + d} + \dfrac{a}{c}$；

（2）当 $c = 0$ 时，$w = \dfrac{a}{d} z + \dfrac{b}{d}$.

因此，分式线性变换可以看成由 $w = kz (k \neq 0), w = z + h, w = \dfrac{1}{z}$ 构成.

（1） $w = kz = r_0 \mathrm{e}^{\mathrm{i}\theta_0} z$ 是一个旋转变换与一个相似变换叠加而成，其中 $k = r_0 \mathrm{e}^{\mathrm{i}\theta_0}$.

（2） $w = z + h$ 是一个平移变换.

（3） $w = \dfrac{1}{z} = \dfrac{1}{r} \mathrm{e}^{-\mathrm{i}\theta}$ 是一个反演变换，也是一个关于实轴的对称变换与一个关于单位圆的对

称变换叠加而成的变换.

关于圆的对称变换定义如下：

定义 6.4 设圆 $C:|z-a|=R$. 如果两点 z_1,z_2 都在过圆心的同一条射线上，并且满足 $|z_1-a|\cdot|z_2-a|=R^2$. 那么称 z_1 与 z_2 关于圆 C 对称，规定圆心 a 与无穷远点 ∞ 对称（见图 6.19）.

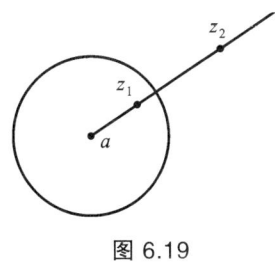

图 6.19

6.2.2 分式线性变换的映射特性

1. 保角性

定义 6.5 两条曲线在无穷远点的夹角为 α 指在反演变换下这两条曲线的像曲线的夹角等于 α.

例 6.1 求曲线 $z_1(t)=t+ti, t>0$ 与 $z_2(t)=-t+ti, t>0$ 在无穷远点的夹角.

解 令 $z_1^*(t)=\dfrac{1}{t+ti}=\dfrac{1}{t}\cdot\left(\dfrac{1}{2}-\dfrac{1}{2}i\right), z_2^*(t)=\dfrac{1}{-t+ti}=\dfrac{1}{t}\cdot\left(-\dfrac{1}{2}-\dfrac{1}{2}i\right)$. 则 z_1^* 与 z_2^* 在 0 点的夹角即 z_1 与 z_2 在无穷远点的夹角. z_1^* 与 z_2^* 在 0 点的夹角为 $\dfrac{\pi}{2}$，所以 z_1 与 z_2 在无穷远点的夹角为 $\dfrac{\pi}{2}$（见图 6.20、图 6.21）.

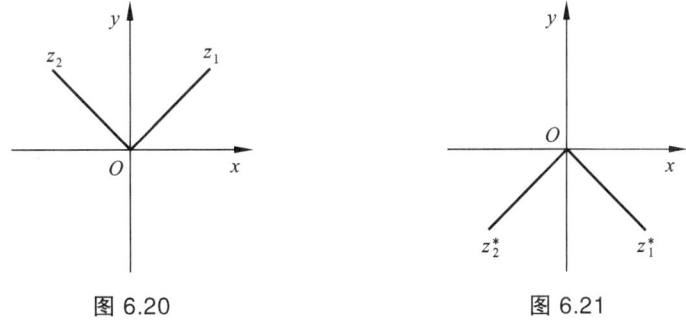

图 6.20　　　　图 6.21

定理 6.8 分式线性变换是扩充复平面到扩充复平面上的共形映射.

证明 分式线性变换是单叶的，只需证它是保角的.

（1） $w=kz+h(k\neq 0)$ 在扩充复平面上是保角的.

因为 $w'=k\neq 0$，所以 $w=kz+h$ 在 $z\neq\infty$ 是保角的.

当 $z=\infty$ 时，令 $\zeta=\dfrac{1}{z}, \eta=\dfrac{1}{w}$，则 $w=kz+h$ 变为 $\eta=\dfrac{\zeta}{h\zeta+k}$.

因为 $\dfrac{\mathrm{d}\eta}{\mathrm{d}\zeta}\Big|_{\zeta=0}=\dfrac{1}{k}\ne 0$，所以 $\eta=\dfrac{\zeta}{h\zeta+k}$ 在 $\zeta=0$ 处是保角的，从而 $w=kz+h$ 在 $z=\infty$ 是保角的.

（2） $w=\dfrac{1}{z}$ 在扩充复平面上是保角的.

因为 $w'=-\dfrac{1}{z^2}\ne 0$，所以 $w=\dfrac{1}{z}$ 在 $z\ne 0, z\ne \infty$ 是保角的.

当 $z=0$ 时，令 $\eta=\dfrac{1}{w}$，则 $w=\dfrac{1}{z}$ 变为 $\eta=z$，显然 $\eta=z$ 在 $z=0$ 是保角的，所以 $w=\dfrac{1}{z}$ 在 $z=0$ 是保角的.

当 $z=\infty$ 时，令 $\zeta=\dfrac{1}{z}$，则 $w=\dfrac{1}{z}$ 变为 $w=\zeta$，显然 $w=\zeta$ 在 $\zeta=0$ 是保角的，所以 $w=\dfrac{1}{z}$ 在 $z=\infty$ 是保角的.

证毕.

2. 保圆性

在扩充复平面上，规定直线是经过无穷远点的圆，扩充复平面上统一的圆方程可表示为：

$$Az\bar{z}+\bar{\beta}z+\beta\bar{z}+C=0.$$

其中 A,C 是实数，β 为复数且 $|\beta|^2>AC$.

当 $A\ne 0$ 时，该方程表示普通的圆；当 $A=0$ 时，该方程表示直线.

定理 6.9 分式线性变换将 z 平面上的圆和直线变为 w 平面上的圆或直线.

证明 首先易知平移、旋转和相似变换将圆变为圆，将直线变为直线.

其次 $w=\dfrac{1}{z}$ 将 $Az\bar{z}+\bar{\beta}z+\beta\bar{z}+C=0$ 变为 $Cw\bar{w}+\beta w+\bar{\beta}\bar{w}+A=0$，即将圆和直线变为圆或直线.

证毕.

3. 保对称点性

定理 6.10 扩充复平面上两点 z_1, z_2 关于圆 C 对称的充要条件是通过 z_1, z_2 的任意圆 C^* 均与 C 正交（两圆正交即过他们交点的切线垂直）.

定理 6.11 设函数 $w=f(z)$ 为分式线性变换，若扩充复平面上两点 z_1 与 z_2 关于圆 C 对称，则 $w_1=f(z_1)$ 与 $w_2=f(z_2)$ 关于圆 $C^*=f(C)$ 对称.

证明 设 $\varGamma^*$ 为扩充 w 平面上经过 w_1, w_2 的任意圆，此时在扩充 z 平面上必存在一圆 $\varGamma$，使得 $\varGamma$ 经过 z_1, z_2，并且 $\varGamma^*=f(\varGamma)$. 由于 z_1 与 z_2 关于圆 C 对称，所以 $\varGamma$ 与 C 正交，又因 $w=f(z)$ 是保角的，故 $\varGamma^*$ 与 C^* 正交，从而 w_1 与 w_2 关于圆 C^* 对称.

证毕.

4. 保交比性

定义 6.6 设 z_1, z_2, z_3, z_4 为扩充复平面上互异的四点，称 $\dfrac{z_4-z_1}{z_4-z_2}:\dfrac{z_3-z_1}{z_3-z_2}$ 为这四点的交比.

记作 (z_1,z_2,z_3,z_4)，并且规定若其中有一点为 ∞ 时，则含有此点的项用 1 代替. 例如，$(z_1,\infty,z_3,z_4)=\dfrac{z_4-z_1}{1}:\dfrac{z_3-z_1}{1}$.

定理 6.12　在分式线性变换下，四点的交比不变.

证明　设 $w=\dfrac{az+b}{cz+d}$，$w_k=\dfrac{az_k+b}{cz_k+d}(k=1,2,3,4)$. 经过运算，可以验证

$$\dfrac{w_4-w_1}{w_4-w_2}:\dfrac{w_3-w_1}{w_3-w_2}=\dfrac{z_4-z_1}{z_4-z_2}:\dfrac{z_3-z_1}{z_3-z_2}.$$

证毕.

定理 6.13　若分式线性变换将扩充复平面的三个互异点 z_1,z_2,z_3 对应映射为三个互异点 w_1,w_2,w_3，则此分式线性变换就被唯一确定，并且可以写成 $\dfrac{w-w_1}{w-w_2}:\dfrac{w_3-w_1}{w_3-w_2}=\dfrac{z-z_1}{z-z_2}:\dfrac{z_3-z_1}{z_3-z_2}$.

例 6.2　求将 $2,1,-2$ 对应映射为 $-1,\mathrm{i},1$ 的分式线性变换.

解
$$\dfrac{w+1}{w-\mathrm{i}}:\dfrac{1+1}{1-\mathrm{i}}=\dfrac{z-2}{z-1}:\dfrac{-2-2}{-2-1}.$$

解得 $w=\dfrac{(2+\mathrm{i})z-(2+4\mathrm{i})}{(1+2\mathrm{i})z-(4+2\mathrm{i})}$.

例 6.3　求将 $\infty,0,1$ 对应映射为 $0,1,\infty$ 的分式线性变换.

解
$$\dfrac{w-0}{w-1}:\dfrac{\infty-0}{\infty-1}=\dfrac{z-\infty}{z-0}:\dfrac{1-\infty}{1-0}\text{，即 }\dfrac{w}{w-1}:\dfrac{1}{1}=\dfrac{1}{z}:\dfrac{1}{1}.$$

解得 $w=\dfrac{1}{1-z}$.

例 6.4　求共形映射，将 $G:|z|<1$ 与 $|z-\dfrac{1}{2}|>\dfrac{1}{2}$ 相交部分变为 $G^*:|w|<1$.

解　我们分步来求解这个映射.

（1）将 G 变为 G_1，即由图 6.22 变到图 6.23.

可将圆 $|z|=1$ 变为直线 $x_1=-\dfrac{1}{2}$，将圆 $|z-\dfrac{1}{2}|=\dfrac{1}{2}$ 变为直线 $x_1=-1$，可将 $1,0,-1$ 对应映射为 $\infty,-1,-\dfrac{1}{2}$，可得分式线性变换为 $z_1=\dfrac{1}{z-1}$.

（2）将 G_1 变为 G_2，即由图 6.23 变到图 6.24.

可将直线 $x_1=-1$ 变为直线 $y_2=0$，将直线 $x_1=-\dfrac{1}{2}$ 变为直线 $y_2=\pi$，这经过旋转和平移即可得到. 取变换为 $z_2=2\pi\mathrm{i}(z_1+1)$.

（3）将 G_2 变为 G_3，即由图 6.24 变到图 6.25.

由上一节的结论知，将 G_2 区域变为上半平面，可取 $z_3=\mathrm{e}^{z_2}$.

（4）将 G_3 变为 G^*，即由图 6.25 变到图 6.26.

可将直线 $y_3=0$ 变为单位圆 $|w|=1$，可将对称点 $\mathrm{i},-\mathrm{i}$ 对应映射为对称点 $0,\infty$，可得分式线

性变换为 $w = \dfrac{z_3 - \mathrm{i}}{z_3 + \mathrm{i}}$.

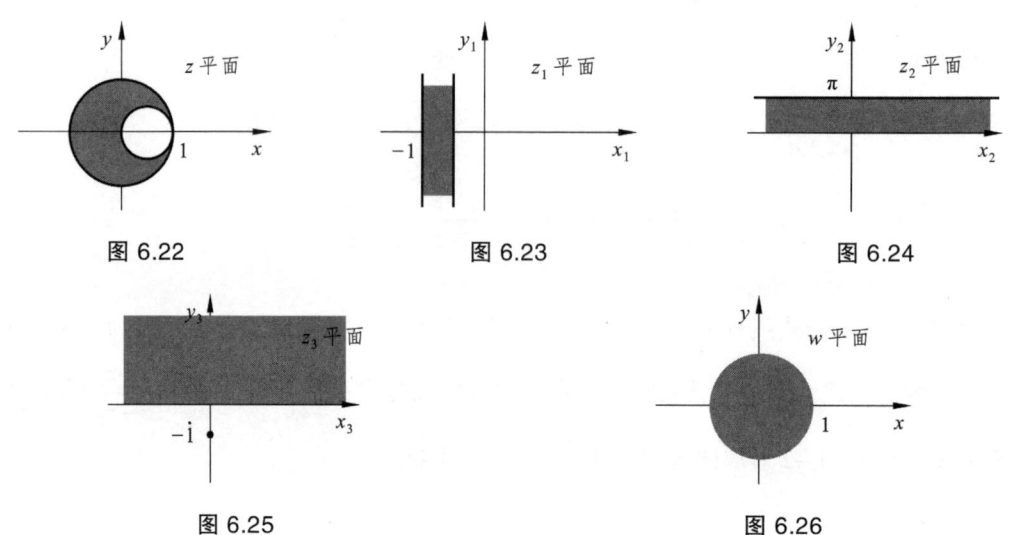

图 6.22　　　　　　图 6.23　　　　　　图 6.24

图 6.25　　　　　　图 6.26

综合（1）（2）（3）（4）可得，$w = \dfrac{\mathrm{e}^{\frac{2\pi\mathrm{i}\, z}{z-1}} - \mathrm{i}}{\mathrm{e}^{\frac{2\pi\mathrm{i}\, z}{z-1}} + \mathrm{i}}$ 即为所求的一个映射.

习题 6-2

1. 写出满足下列条件的分式线性变换：
（1）$2 \to -1, \mathrm{i} \to \mathrm{i}, -2 \to 1$；
（2）$1 \to \infty, \mathrm{i} \to -1, -1 \to 0$；
（3）$\infty \to 0, \mathrm{i} \to \mathrm{i}, 0 \to \infty$；
（4）$\infty \to 0, 0 \to 1, 1 \to \infty$；
（5）$0 \to 0, 1 \to 2, \mathrm{i} \to 1+\mathrm{i}$.

2. 试求以下各区域到上半平面的一个共形映射.
（1）$|z+\mathrm{i}| < 2, \operatorname{Im} z > 0$；
（2）$|z+\mathrm{i}| > \sqrt{2}, |z-\mathrm{i}| < 2$；
（3）$|z| < 2, |z-1| > 1$.

7

傅里叶变换

本章学习傅里叶变换，傅里叶变换具有良好的性质，它在许多领域中有着重要的应用.

7.1 傅里叶级数与傅里叶变换

在学习傅里叶变换之前，我们先回顾傅里叶级数.

7.1.1 傅里叶级数

设 $f(t)$ 是以 T 为周期的实值函数，则称

$$\frac{a_0}{2}+\sum_{n=1}^{+\infty}(a_n\cos n\omega t+b_n\sin n\omega t) \tag{7.1}$$

为 $f(t)$ 的傅里叶级数，记作

$$f(t)\sim\frac{a_0}{2}+\sum_{n=1}^{+\infty}(a_n\cos n\omega t+b_n\sin n\omega t).$$

其中 $\omega=\dfrac{2\pi}{T}$，$a_n=\dfrac{2}{T}\int_{-\frac{T}{2}}^{\frac{T}{2}}f(t)\cos n\omega t\mathrm{d}t$ $(n=0,1,2,\cdots)$，$b_n=\dfrac{2}{T}\int_{-\frac{T}{2}}^{\frac{T}{2}}f(t)\sin n\omega t\mathrm{d}t$ $(n=1,2,3,\cdots)$.

若 $f(t)$ 在 $\left[-\dfrac{T}{2},\dfrac{T}{2}\right]$ 上满足狄氏条件，即 $f(t)$ 在 $\left[-\dfrac{T}{2},\dfrac{T}{2}\right]$ 上满足：

（1）连续或有有限个第一类间断点；

（2）有有限个极值点，

则在连续点处，$f(t)=\dfrac{a_0}{2}+\sum\limits_{n=1}^{+\infty}(a_n\cos n\omega t+b_n\sin n\omega t)$；在间断点处，$f(t)$ 的傅里叶级数等于

$$\frac{1}{2}(f(t^+) + f(t^-)).$$

傅里叶级数可以用复数形式表示，由于 $\cos n\omega t = \frac{1}{2}\mathrm{e}^{\mathrm{i}n\omega t} + \frac{1}{2}\mathrm{e}^{-\mathrm{i}n\omega t}$，$\sin n\omega t = -\frac{\mathrm{i}}{2}\mathrm{e}^{\mathrm{i}n\omega t} + \frac{\mathrm{i}}{2}\mathrm{e}^{-\mathrm{i}n\omega t}$，所以傅里叶级数可化为

$$\frac{a_0}{2} + \sum_{n=1}^{+\infty}\left[\left(\frac{a_n}{2} - \frac{\mathrm{i}b_n}{2}\right)\mathrm{e}^{\mathrm{i}n\omega t} + \left(\frac{a_n}{2} + \frac{\mathrm{i}b_n}{2}\right)\mathrm{e}^{-\mathrm{i}n\omega t}\right] \ (n = 1, 2, 3, \cdots).$$

令 $c_0 = \frac{a_0}{2}, c_n = \frac{a_n - \mathrm{i}b_n}{2}, c_{-n} = \frac{a_n + \mathrm{i}b_n}{2}$，则

$$c_0 = \frac{1}{2}\cdot\frac{2}{T}\int_{-\frac{T}{2}}^{\frac{T}{2}} f(t)\mathrm{d}t = \frac{1}{T}\int_{-\frac{T}{2}}^{\frac{T}{2}} f(t)\mathrm{d}t,$$

$$c_n = \frac{1}{2}\left(\frac{2}{T}\int_{-\frac{T}{2}}^{\frac{T}{2}} f(t)\cos n\omega t \mathrm{d}t - \mathrm{i}\cdot\frac{2}{T}\int_{-\frac{T}{2}}^{\frac{T}{2}} f(t)\sin n\omega t \mathrm{d}t\right)$$
$$= \frac{1}{T}\int_{-\frac{T}{2}}^{\frac{T}{2}} f(t)\mathrm{e}^{-\mathrm{i}n\omega t}\mathrm{d}t,$$

$$c_{-n} = \frac{1}{2}\left(\frac{2}{T}\int_{-\frac{T}{2}}^{\frac{T}{2}} f(t)\cos n\omega t \mathrm{d}t + \mathrm{i}\cdot\frac{2}{T}\int_{-\frac{T}{2}}^{\frac{T}{2}} f(t)\sin n\omega t \mathrm{d}t\right)$$
$$= \frac{1}{T}\int_{-\frac{T}{2}}^{\frac{T}{2}} f(t)\mathrm{e}^{\mathrm{i}n\omega t}\mathrm{d}t$$
$$= \frac{1}{T}\int_{-\frac{T}{2}}^{\frac{T}{2}} f(t)\mathrm{e}^{-\mathrm{i}(-n)\omega t}\mathrm{d}t \ (n = 1, 2, 3, \cdots).$$

所以傅里叶级数可以统一地表示为

$$f(t) \sim \sum_{n=-\infty}^{+\infty} c_n \mathrm{e}^{\mathrm{i}n\omega t}, \qquad (7.2)$$

其中

$$\omega = \frac{2\pi}{T}, c_n = \frac{1}{T}\int_{-\frac{T}{2}}^{\frac{T}{2}} f(t)\mathrm{e}^{-\mathrm{i}n\omega t}\mathrm{d}t \ (n = \cdots, -3, -2, -1, 0, 1, 2, 3, \cdots).$$

式（7.2）是实值周期函数 $f(t)$ 的傅里叶级数的复指数形式.

令 $A_0 = \frac{a_0}{2}, A_n = \sqrt{a_n^2 + b_n^2}, \cos\theta_n = \frac{a_n}{A_n}, \sin\theta_n = -\frac{b_n}{A_n}$，则 A_n 等于 c_n 模的一半，θ_n 是 c_n 的辐角，式（7.1）中 $a_n\cos n\omega t + b_n\sin n\omega t = A_n\cos(n\omega t + \theta_n)$ $(n = 1, 2, 3, \cdots)$.

如果我们把 $f(t)$ 看作声波，那么傅里叶级数相当于把声音分解成各种泛音之和，这些泛音的频率分别是基音频率的整数倍. 其中 A_n 表示各种泛音所占的比重，θ_n 表示各种泛音的相位.

因此, 我们称 A_n 为振幅, 称 θ_n 为相位. 于是复数 c_n 的模 $|c_n|$ 正好是半个振幅, 它的辐角 $\arg c_n$ 正好是相位. 同时, 鉴于这种分解只包含基音频率 (即 ω, 也称基频) 的整数倍的成分, 我们称 $c_n(n=1,2,3,\cdots)$ 为 $f(t)$ 的离散频谱, 称 $|c_n|(n=1,2,3,\cdots)$ 为 $f(t)$ 的离散振幅谱, 称 $\arg c_n(n=1,2,3,\cdots)$ 为 $f(t)$ 的离散相位谱.

例 7.1 求以 T 为周期的函数

$$f(t) = \begin{cases} 2, & 0 \leqslant t \leqslant \dfrac{T}{2}; \\ 0, & -\dfrac{T}{2} < t < 0 \end{cases}$$

的离散频谱和傅里叶级数 (见图 7.1).

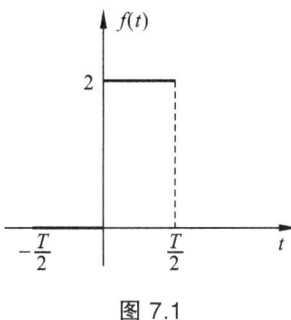

图 7.1

解 设 $\omega = \dfrac{2\pi}{T}$ 则

$$c_0 = \frac{1}{T}\int_{-\frac{T}{2}}^{\frac{T}{2}} f(t)\mathrm{d}t = \frac{1}{T}\int_0^{\frac{T}{2}} 2\mathrm{d}t = 1,$$

$$c_n = \frac{1}{T}\int_{-\frac{T}{2}}^{\frac{T}{2}} f(t)\mathrm{e}^{-\mathrm{i}n\omega t}\mathrm{d}t = \frac{1}{T}\int_0^{\frac{T}{2}} 2\mathrm{e}^{-\mathrm{i}n\omega t}\mathrm{d}t$$

$$= \frac{1}{T}\cdot\frac{2\mathrm{e}^{-\mathrm{i}n\omega t}}{-\mathrm{i}n\omega}\bigg|_0^{\frac{T}{2}} = \frac{\mathrm{i}}{n\pi}(\mathrm{e}^{-\mathrm{i}n\pi}-1)$$

$$= \begin{cases} -\dfrac{2\mathrm{i}}{n\pi}, & n \text{ 为奇数}; \\ 0, & n \text{ 为偶数}. \end{cases}$$

振幅谱为

$$|c_n| = \begin{cases} 1, & n=0; \\ \dfrac{2}{n\pi}, & n=\pm 1, \pm 3, \pm 5, \cdots; \\ 0, & n=\pm 2, \pm 4, \pm 6, \cdots. \end{cases}$$

其图形如图 7.2 所示.

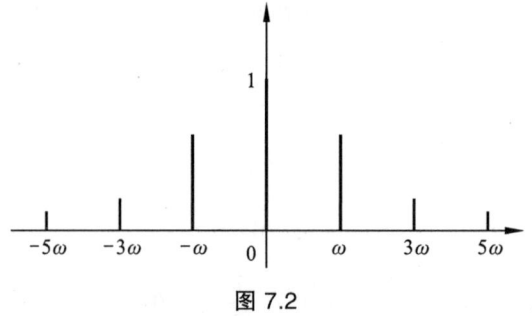

图 7.2

相位谱为

$$\arg c_n = \begin{cases} 0, & n = 0; \\ \text{不存在}, & n = \pm 2, \pm 4, \pm 6, \cdots; \\ -\dfrac{\pi}{2}, & n = 1, 3, 5, \cdots; \\ \dfrac{\pi}{2}, & n = -1, -3, -5, \cdots. \end{cases}$$

其图形如图 7.3 所示.

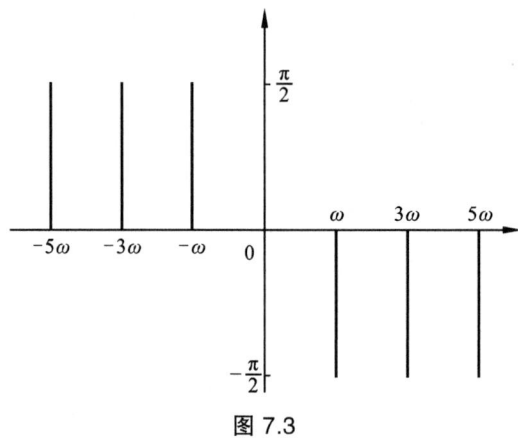

图 7.3

傅里叶级数为

$$f(t) \sim 1 + \sum_{n=-\infty}^{+\infty} -\frac{2\mathrm{i}}{(2n-1)\pi} \mathrm{e}^{\mathrm{i}(2n-1)\omega t}.$$

7.1.2 傅里叶变换

周期函数可以展成傅里叶级数, 非周期函数能否展成傅里叶级数呢？我们来考察该问题. 对于周期函数, 它只包含以基频为间隔的离散的频率成分, 并且周期越大, 这种间隔越小. 对于非周期函数, 可以理解成它的周期无限大, 从而这种间隔就无限小, 于是离散频谱就变成连续的密度.

设 $f(t)$ 为定义在 $(-\infty,\infty)$ 上的实值函数,令 $f_T(t)$ 为周期函数,周期为正数 T,并且当 $-\dfrac{T}{2}<t<\dfrac{T}{2}$ 时,取 $f_T(t)=f(t)$. 再令 $\Delta\omega=\dfrac{2\pi}{T}$,由式(7.2)得

$$f(t)=\lim_{T\to+\infty}f_T(t)\sim\lim_{T\to+\infty}\sum_{n=-\infty}^{+\infty}\left(\frac{1}{T}\int_{-\frac{T}{2}}^{\frac{T}{2}}f_T(\tau)e^{-in\Delta\omega\tau}d\tau\right)e^{in\Delta\omega t}$$

$$=\lim_{\Delta\omega\to 0}\sum_{n=-\infty}^{+\infty}\left(\frac{\Delta\omega}{2\pi}\int_{-\frac{T}{2}}^{\frac{T}{2}}f_T(\tau)e^{-in\Delta\omega\tau}d\tau\right)e^{in\Delta\omega t}$$

$$=\frac{1}{2\pi}\lim_{\Delta\omega\to 0}\sum_{n=-\infty}^{+\infty}\left(\int_{-\frac{T}{2}}^{\frac{T}{2}}f_T(\tau)e^{-i(n\Delta\omega)\tau}d\tau\right)e^{i(n\Delta\omega)t}\cdot\Delta\omega$$

$$=\frac{1}{2\pi}\int_{-\infty}^{+\infty}\left(\int_{-\infty}^{+\infty}f(\tau)e^{-i\omega\tau}d\tau\right)e^{i\omega t}d\omega$$

$$=\frac{1}{2\pi}\int_{-\infty}^{+\infty}e^{i\omega t}d\omega\int_{-\infty}^{+\infty}f(\tau)e^{-i\omega\tau}d\tau.$$

即

$$f(t)\sim\frac{1}{2\pi}\int_{-\infty}^{+\infty}e^{i\omega t}d\omega\int_{-\infty}^{+\infty}f(\tau)e^{-i\omega\tau}d\tau. \qquad (7.3)$$

称式(7.3)为一般实值函数 $f(t)$ 的傅里叶积分公式.

定理 7.1 (傅里叶积分定理)设 $f(t)$ 在 $(-\infty,+\infty)$ 上的任一有限区间满足狄氏条件,且在 $(-\infty,+\infty)$ 上绝对可积,则在连续点处,$f(t)=\dfrac{1}{2\pi}\int_{-\infty}^{+\infty}e^{i\omega t}d\omega\int_{-\infty}^{+\infty}f(\tau)e^{-i\omega\tau}d\tau$;在间断点处,$f(t)$ 的傅里叶积分公式等于 $\dfrac{1}{2}(f(t^+)+f(t^-))$.

令

$$F(\omega)=\int_{-\infty}^{+\infty}f(t)e^{-i\omega t}dt,$$

称之为 $f(t)$ 的傅里叶变换,简称傅氏变换,记作 $\mathscr{F}(f(t))$. 于是

$$f(t)\sim\frac{1}{2\pi}\int_{-\infty}^{+\infty}F(\omega)e^{i\omega t}d\omega,$$

称之为 $F(\omega)$ 的傅里叶逆变换,简称傅氏逆变换,记作 $\mathscr{F}^{-1}(F(\omega))$.

通过傅氏变换,可以把非周期函数看作包含从零到无穷的所有的频率成分,$F(\omega)$ 可以看作各个频率分量的分布密度,因此称 $F(\omega)$ 为频谱密度函数或连续频谱,称 $|F(\omega)|$ 为连续振幅谱,称 $\arg F(\omega)$ 为连续相位谱.

例 7.2 设 $\beta>0$,求单边指数衰减函数

$$f(t)=\begin{cases}e^{-\beta t}, & t\geqslant 0;\\ 0, & t<0\end{cases}$$

的傅氏变换.

解
$$F(\omega) = \mathscr{F}(f(t))$$
$$= \int_{-\infty}^{+\infty} f(t)\mathrm{e}^{-\mathrm{i}\omega t}\,\mathrm{d}t = \int_{0}^{+\infty} \mathrm{e}^{-\beta t} \cdot \mathrm{e}^{-\mathrm{i}\omega t}\,\mathrm{d}t$$
$$= \int_{0}^{+\infty} \mathrm{e}^{-(\beta+\mathrm{i}\omega)t}\,\mathrm{d}t = \left.\frac{\mathrm{e}^{-(\beta+\mathrm{i}\omega)t}}{-(\beta+\mathrm{i}\omega)}\right|_{0}^{+\infty}$$
$$= \frac{1}{\beta+\mathrm{i}\omega} = \frac{\beta-\mathrm{i}\omega}{\beta^2+\omega^2}.$$

例 7.3 设 $a > 0$，求矩形脉冲函数
$$f(t) = \begin{cases} 1, & |t| \leqslant a; \\ 0, & |t| > a \end{cases}$$
的傅氏变换和傅里叶积分表达式.

解
$$F(\omega) = \mathscr{F}(f(t))$$
$$= \int_{-\infty}^{+\infty} f(t)\mathrm{e}^{-\mathrm{i}\omega t}\,\mathrm{d}t = \int_{-a}^{a} \mathrm{e}^{-\mathrm{i}\omega t}\,\mathrm{d}t$$
$$= \left.\frac{\mathrm{e}^{-\mathrm{i}\omega t}}{-\mathrm{i}\omega}\right|_{-a}^{a} = \frac{\mathrm{e}^{-\mathrm{i}\omega a}}{-\mathrm{i}\omega} - \frac{\mathrm{e}^{\mathrm{i}\omega a}}{-\mathrm{i}\omega}$$
$$= \frac{\cos\omega a - \mathrm{i}\sin\omega a}{-\mathrm{i}\omega} - \frac{\cos\omega a + \mathrm{i}\sin\omega a}{-\mathrm{i}\omega}$$
$$= \frac{2\sin\omega a}{\omega}$$

于是 $f(t)$ 的傅里叶积分表达式为 $f(t) \sim \dfrac{1}{2\pi}\int_{-\infty}^{+\infty}\dfrac{2\sin\omega a}{\omega}\mathrm{e}^{\mathrm{i}\omega t}\,\mathrm{d}\omega$，且有

$$\frac{1}{2\pi}\int_{-\infty}^{+\infty}\frac{2\sin\omega a}{\omega}\mathrm{e}^{\mathrm{i}\omega t}\,\mathrm{d}\omega = \begin{cases} 1, & |t| < a; \\ \dfrac{1}{2}, & |t| = a; \\ 0, & |t| > a. \end{cases}$$

若取 $a = 1$，则 $f(0) = \dfrac{1}{2\pi}\int_{-\infty}^{+\infty}\dfrac{2\sin\omega}{\omega}\mathrm{d}\omega$. 又 $f(0) = 1$，所以 $\int_{0}^{+\infty}\dfrac{\sin x}{x}\mathrm{d}x = \dfrac{\pi}{2}$.

习题 7-1

1. 试求 $f(t) = |\sin t|$ 的离散频谱和它的傅里叶级数.

2. 求下列函数的傅氏变换.

(1) $f(t)=\begin{cases} 1, & |t|\leqslant 1; \\ 0, & |t|>1. \end{cases}$
(2) $f(t)=\begin{cases} 1, & 0\leqslant t\leqslant 1; \\ -1, & -1\leqslant t<0; \\ 0, & \text{其他}. \end{cases}$

(3) $f(t)=\mathrm{e}^{-\beta|t|}, \beta>0$.
(4) $f(t)=\begin{cases} \sin t, & |t|\leqslant \pi; \\ 0, & |t|>\pi. \end{cases}$

(5) $f(t)=\begin{cases} \mathrm{e}^t, & t\leqslant 0; \\ 0, & t>0. \end{cases}$
(6) $f(t)=\begin{cases} \mathrm{e}^{-t}\sin 2t, & t\geqslant 0; \\ 0, & t>0. \end{cases}$

(7) $f(t)=\begin{cases} 1-t^2, & |t|\leqslant 1; \\ 0, & |t|>1. \end{cases}$

7.2 单位脉冲函数

7.2.1 单位脉冲函数的定义

周期函数可以展为傅里叶级数,非周期函数可以做傅里叶变换,它们能否统一起来呢？或者说离散的量能否用连续的密度来表示呢？ 对于这个问题,我们可以引入单位脉冲函数和广义傅里叶变换来解决. 我们先看一个例子.

例 7.4 设 $\varepsilon>0$,函数

$$\delta_\varepsilon(t)=\begin{cases} \dfrac{1}{\varepsilon}, & 0\leqslant t\leqslant \varepsilon; \\ 0, & \text{其他}. \end{cases}$$

则
$$\int_{-\infty}^{+\infty}\delta_\varepsilon(t)\mathrm{d}t=\int_0^\varepsilon \frac{1}{\varepsilon}\mathrm{d}t=1.$$

令 $\varepsilon\to 0^+$,则 $\dfrac{1}{\varepsilon}\to +\infty$,但 $\int_{-\infty}^{+\infty}\delta_\varepsilon(t)\mathrm{d}t$ 始终等于 1. 是否存在这样的函数,它在 $(-\infty,+\infty)$ 上的积分为 1,在除 0 点外取值都为 0? 显然这样的普通函数是不存在的. 但是有一种特殊的函数满足这种性质,它就是广义函数. 为了得到这种形式的函数,我们需要引入一些基本概念.

定义 7.1 我们称集合 $\operatorname{supp}\varphi=\overline{\{t\mid \varphi(t)\neq 0\}}$ 为函数 $\varphi(t)$ 的支集,即定义域里不为零的点的闭包. 若函数支集有界,且任意阶导数都存在,则称其为基本函数,我们用 $\mathscr{D}$ 来表示基本函数空间.

例 7.5 设函数

$$f(t) = \begin{cases} e^{-\frac{1}{1-t^2}}, & |t| < 1; \\ 0, & |t| \geq 1. \end{cases}$$

则 $f(t) \in \mathscr{D}$.

下面介绍基本函数空间 $\mathscr{D}$ 上的收敛.

定义 7.2 设 $\varphi_n \in \mathscr{D}(n = 0, 1, 2, 3, \cdots)$ 满足以下两个条件：

（1）存在紧集 K，使得 $\mathrm{supp}\varphi_n \subset K$；

（2）$\lim\limits_{n \to +\infty} \sup\limits_{t \in \mathbb{R}} |\dfrac{\mathrm{d}^m}{\mathrm{d}t^m}\varphi_n(t) - \dfrac{\mathrm{d}^m}{\mathrm{d}t^m}\varphi_0(t)| = 0 \ (m = 0, 1, 2, \cdots)$,

则称 φ_n 收敛于 φ_0，记作 $\varphi_n \to \varphi_0$.

定义 7.3 基本函数空间 $\mathscr{D}$ 上的连续的线性泛函 T 称为广义函数，即

$$T: \mathscr{D} \to \mathbb{R}$$

满足：

（1）连续性：当 $\varphi_n \to \varphi_0$ 时，有 $\lim\limits_{n \to +\infty} T(\varphi_n) = T(\varphi_0)$；

（2）线性性：$T(k_1\varphi + k_2\psi) = k_1T(\varphi) + k_2T(\psi), \varphi, \psi, \varphi_n \in \mathscr{D}, k_1, k_2 \in \mathbb{R} \ (n = 0, 1, 2, 3, \cdots)$.

下面介绍一类广义函数.

局部可积函数是指在任意有限区间上可积的函数. 每个局部可积函数 $f(t)$ 可以看成一个广义函数 T_f，一般为

$$T_f: \mathscr{D} \to \mathbb{R}, T_f(\varphi) = \int_{-\infty}^{+\infty} f(t)\varphi(t)\mathrm{d}t.$$

因为 δ_ε 是局部可积函数，所以它可以看作广义函数.

定义 7.4 设

$$\delta: \mathscr{D} \to \mathbb{R}, \delta(\varphi) = \varphi(0).$$

称 δ 为单位脉冲函数.

性质 7.1 单位脉冲函数 δ 是广义函数.

证明 （1）当 $\varphi_n \to \varphi_0$ 时，$|\delta(\varphi_n) - \delta(\varphi_0)| = |\varphi_n(0) - \varphi_0(0)| \to 0$. 所以 δ 是连续的；

（2）设 $\varphi, \psi \in \mathscr{D}, k_1, k_2 \in \mathbb{R}$，则 $\delta(k_1\varphi + k_2\psi) = k_1\varphi(0) + k_2\psi(0) = k_1\delta(\varphi) + k_2\delta(\psi)$，所以 δ 是线性的.

综合（1）（2）得，δ 是广义函数.

证毕.

单位脉冲函数 δ 是广义函数 δ_ε 的极限，这是因为

$$\lim_{\varepsilon \to 0^+} \delta_\varepsilon(\varphi) = \lim_{\varepsilon \to 0^+} \int_{-\infty}^{+\infty} \delta_\varepsilon(t)\varphi(t)\mathrm{d}t$$

$$= \lim_{\varepsilon \to 0^+} \int_0^\varepsilon \frac{1}{\varepsilon}\varphi(t)\mathrm{d}t$$

$$= \lim_{\varepsilon \to 0^+} \varphi(\xi)$$

$$= \varphi(0)$$

$$= \delta(\varphi)$$

其中 ξ 介于 0 与 ε 之间，$\varphi \in \mathscr{D}$.

单位脉冲函数 $\delta(t)$ 相当于给出了离散频谱的密度函数. 这样就可以把离散频谱与连续频谱统一起来了.

下面介绍广义函数的导数.

定义 7.5 设 T 为广义函数，T 的导数为 $T': \mathscr{D} \to \mathbb{R}, T'(\varphi) = -T(\varphi')$.

设
$$u(t) = \begin{cases} 1, & t > 0; \\ 0, & t < 0. \end{cases}$$

称 $u(t)$ 为单位阶跃函数.

因为一个特殊点的取值不影响积分的值，这里我们忽略 $u(t)$ 在 0 点的定义.

因为 $u(t)$ 是局部可积函数，所以 u 可看作广义函数.

性质 7.2 单位阶跃函数 u 的导数为单位脉冲函数 δ.

证明
$$\begin{aligned} u'(\varphi) &= -u(\varphi') = -\int_{-\infty}^{+\infty} u(t)\varphi'(t)\mathrm{d}t \\ &= -\int_{0}^{+\infty} \varphi'(t)\mathrm{d}t = -\varphi(t)\big|_{0}^{+\infty} \\ &= \varphi(0) = \delta(\varphi). \end{aligned}$$

所以 $u' = \delta$，或记为 $u'(t) = \delta(t)$.

证毕.

7.2.2 单位脉冲函数的性质

如果我们把广义函数 δ 看成普通函数，则可记作

$$\delta(t) = \begin{cases} +\infty, & t = 0; \\ 0, & \text{其他,} \end{cases} \quad \int_{-\infty}^{+\infty} \delta(t)\mathrm{d}t = 1, \quad \delta(\varphi) = \int_{-\infty}^{+\infty} \delta(t)\varphi(t)\mathrm{d}t.$$

并且具有如下性质，其中性质（2）被称为筛选性质.

性质 7.3 设 $\varphi \in \mathscr{D}, a, t_0 \in \mathbb{R}, a \neq 0$, 则

（1）$\int_{-\infty}^{+\infty} \delta(t)\varphi(t)\mathrm{d}t = \varphi(0);$

（2）$\int_{-\infty}^{+\infty} \delta(t-t_0)\varphi(t)\mathrm{d}t = \varphi(t_0);$

（3）$\delta(-t) = \delta(t);$

（4）$t\delta(t) \equiv 0;$

（5）$\delta(at) = \dfrac{1}{|a|}\delta(t).$

证明 （1） $\int_{-\infty}^{+\infty} \delta(t)\varphi(t)\mathrm{d}t = \delta(\varphi) = \varphi(0)$.

（2） $\int_{-\infty}^{+\infty} \delta(t-t_0)\varphi(t)\mathrm{d}t = \int_{-\infty}^{+\infty} \delta(t)\varphi(t+t_0)\mathrm{d}t = \varphi(0+t_0) = \varphi(t_0)$.

（3） $\int_{-\infty}^{+\infty} \delta(-t)\varphi(t)\mathrm{d}t = \int_{+\infty}^{-\infty} \delta(t)\varphi(-t)\mathrm{d}(-t)$

$$= \int_{-\infty}^{+\infty} \delta(t)\varphi(-t)\mathrm{d}t = \varphi(-0)$$

$$= \varphi(0) = \int_{-\infty}^{+\infty} \delta(t)\varphi(t)\mathrm{d}t,$$

因此 $\delta(-t) = \delta(t)$.

（4） $\int_{-\infty}^{+\infty} t\delta(t)\varphi(t)\mathrm{d}t = \int_{-\infty}^{+\infty} \delta(t)(t\varphi(t))\mathrm{d}t = (t\varphi(t))|_{t=0} = 0 = \int_{-\infty}^{+\infty} 0 \cdot \varphi(t)\mathrm{d}t$, 所以 $t\delta(t) \equiv 0$.

（5） $\int_{-\infty}^{+\infty} \delta(at)\varphi(t)\mathrm{d}t = \begin{cases} \int_{-\infty}^{+\infty} \delta(t)\varphi\left(\dfrac{t}{a}\right)\mathrm{d}\dfrac{t}{a}, & a > 0; \\ \int_{+\infty}^{-\infty} \delta(t)\varphi\left(\dfrac{t}{a}\right)\mathrm{d}\dfrac{t}{a}, & a < 0. \end{cases}$

$$= \frac{1}{|a|}\int_{-\infty}^{+\infty} \delta(t)\varphi\left(\frac{t}{a}\right)\mathrm{d}t$$

$$= \frac{1}{|a|}\varphi\left(\frac{t}{a}\right)\bigg|_{t=0}$$

$$= \frac{1}{|a|}\varphi(0)$$

$$= \int_{-\infty}^{+\infty} \frac{1}{|a|}\delta(t)\varphi(t)\mathrm{d}t,$$

故 $\delta(at) = \dfrac{1}{|a|}\delta(t)$.

证毕.

例 7.6 求单位脉冲函数 δ 的傅氏变换.

解 $F(\omega) = \mathscr{F}(\delta(t)) = \int_{-\infty}^{+\infty} \delta(t)\mathrm{e}^{-\mathrm{i}\omega t}\,\mathrm{d}t = \mathrm{e}^{-\mathrm{i}\omega t}|_{t=0} = 1$.

由傅氏逆变换得 $\mathscr{F}^{-1}(1) = \dfrac{1}{2\pi}\int_{-\infty}^{+\infty} \mathrm{e}^{\mathrm{i}\omega t}\,\mathrm{d}\omega$, 但 $\mathrm{e}^{\mathrm{i}\omega t}$ 不是绝对可积的. 称其为广义傅里叶变换, 并记作 $\dfrac{1}{2\pi}\int_{-\infty}^{+\infty} \mathrm{e}^{\mathrm{i}\omega t}\,\mathrm{d}\omega = \delta(t)$ 或者 $\dfrac{1}{2\pi}\int_{-\infty}^{+\infty} \mathrm{e}^{\mathrm{i}\omega t}\,\mathrm{d}t = \delta(\omega)$. 仍称广义傅里叶变换为傅里叶变换.

例 7.7 分别求 $f_1(t) = 1, f_2(t) = \mathrm{e}^{\mathrm{i}\omega_0 t}$ 的傅氏变换.

解 $F_1(\omega) = \int_{-\infty}^{+\infty} \mathrm{e}^{-\mathrm{i}\omega t}\,\mathrm{d}t = 2\pi\delta(-\omega) = 2\pi\delta(\omega),$

$F_2(\omega) = \int_{-\infty}^{+\infty} \mathrm{e}^{\mathrm{i}\omega_0 t} \cdot \mathrm{e}^{-\mathrm{i}\omega t}\,\mathrm{d}t = \int_{-\infty}^{+\infty} \mathrm{e}^{-\mathrm{i}(\omega-\omega_0)t}\mathrm{d}t = 2\pi\delta(\omega-\omega_0).$

例 7.8 证明单位阶跃函数 $u(t)$ 的傅氏变换为 $\dfrac{1}{\mathrm{i}\omega}+\pi\delta(\omega)$.

证明 由例 7.3 得，$\displaystyle\int_0^{+\infty}\dfrac{\sin x}{x}\mathrm{d}x=\dfrac{\pi}{2}$. 于是

$$\dfrac{1}{2\pi}\int_{-\infty}^{+\infty}\left(\dfrac{1}{\mathrm{i}\omega}+\pi\delta(\omega)\right)\mathrm{e}^{\mathrm{i}\omega t}\,\mathrm{d}\omega$$

$$=\dfrac{1}{2\pi}\int_{-\infty}^{+\infty}\dfrac{1}{\mathrm{i}\omega}\mathrm{e}^{\mathrm{i}\omega t}\,\mathrm{d}\omega+\dfrac{1}{2\pi}\int_{-\infty}^{+\infty}\pi\delta(\omega)\mathrm{e}^{\mathrm{i}\omega t}\,\mathrm{d}\omega$$

$$=\dfrac{1}{2\pi}\int_{-\infty}^{+\infty}\left(\dfrac{\cos\omega t}{\mathrm{i}\omega}+\dfrac{\mathrm{i}\sin\omega t}{\mathrm{i}\omega}\right)\mathrm{d}\omega+\dfrac{1}{2}\int_{-\infty}^{+\infty}\delta(\omega)\mathrm{e}^{\mathrm{i}\omega t}\mathrm{d}\omega$$

$$=\dfrac{1}{2\pi}\int_{-\infty}^{+\infty}\dfrac{\sin\omega t}{\omega t}\mathrm{d}\omega t+\dfrac{1}{2}\mathrm{e}^{\mathrm{i}\omega t}\Big|_{\omega=0}$$

$$=\begin{cases}\dfrac{1}{2\pi}\displaystyle\int_{-\infty}^{+\infty}\dfrac{\sin x}{x}\mathrm{d}x+\dfrac{1}{2}, & t>0;\\ \dfrac{1}{2\pi}\displaystyle\int_{+\infty}^{-\infty}\dfrac{\sin x}{x}\mathrm{d}x+\dfrac{1}{2}, & t<0.\end{cases}$$

$$=\begin{cases}1, & t>0;\\ 0, & t<0\end{cases}$$

$$=u(t).$$

证毕.

例 7.9 求 $f(t)=\cos(\omega_0 t)$ 的傅氏变换.

解
$$F(\omega)=\int_{-\infty}^{+\infty}\mathrm{e}^{-\mathrm{i}\omega t}\cos(\omega_0 t)\mathrm{d}t$$

$$=\int_{-\infty}^{+\infty}\dfrac{1}{2}\mathrm{e}^{-\mathrm{i}\omega t}(\mathrm{e}^{\mathrm{i}\omega_0 t}+\mathrm{e}^{-\mathrm{i}\omega_0 t})\mathrm{d}t$$

$$=\dfrac{1}{2}\int_{-\infty}^{+\infty}[\mathrm{e}^{-\mathrm{i}(\omega-\omega_0)t}+\mathrm{e}^{-\mathrm{i}(\omega+\omega_0)t}]\mathrm{d}t$$

$$=\pi\delta(\omega-\omega_0)+\pi\delta(\omega+\omega_0).$$

通过本例可以得到周期函数的傅氏变换还是离散的（见图 7.4）.

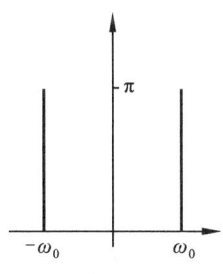

图 7.4

习题 7-2

1. 证明局部可积函数是广义函数.
2. 求下列函数的傅氏变换.

（1）$f(t) = \begin{cases} 1, & t \geq 0; \\ -1, & t < 0. \end{cases}$

（2）$f(t) = \dfrac{1}{2}\left[\delta(t+a) + \delta(t-a) + \delta\left(t+\dfrac{a}{2}\right) + \delta\left(t-\dfrac{a}{2}\right)\right]$.

7.3 傅里叶变换的性质及应用

7.3.1 傅里叶变换的性质

性质 7.4 （线性性质）设 $F(\omega) = \mathscr{F}(f(t)), G(\omega) = \mathscr{F}(g(t)), \alpha, \beta$ 为复常数，则

$$\mathscr{F}(\alpha f(t) + \beta g(t)) = \alpha F(\omega) + \beta G(\omega),$$

$$\mathscr{F}^{-1}(\alpha F(\omega) + \beta G(\omega)) = \alpha f(t) + \beta g(t).$$

性质 7.5 （位移性质）$F(\omega) = \mathscr{F}(f(t)), t_0, \omega_0$ 为实常数，则

$$\mathscr{F}(f(t-t_0)) = e^{-i\omega t_0} F(\omega), \quad \mathscr{F}^{-1}(F(\omega - \omega_0)) = e^{i\omega_0 t} f(t).$$

证明

$$\mathscr{F}(f(t-t_0)) = \int_{-\infty}^{+\infty} f(t-t_0) e^{-i\omega t}\, dt$$

$$= \int_{-\infty}^{+\infty} f(t) e^{-i\omega(t+t_0)}\, dt$$

$$= e^{-i\omega t_0} \int_{-\infty}^{+\infty} f(t) e^{-i\omega t}\, dt$$

$$= e^{-i\omega t_0} \mathscr{F}(f(t))$$

$$= e^{-i\omega t_0} F(\omega).$$

第二个结果类似可证.

证毕.

性质 7.6（相似性质）设 $F(\omega) = \mathscr{F}(f(t))$，$a$ 为非零实常数，则

$$\mathscr{F}(f(at)) = \dfrac{1}{|a|} F\left(\dfrac{\omega}{a}\right).$$

证明
$$\mathscr{F}(f(at)) = \int_{-\infty}^{+\infty} f(at) e^{-i\omega t} dt$$

$$= \begin{cases} \int_{-\infty}^{+\infty} f(t) e^{-i\omega \frac{t}{a}} d\frac{t}{a}, & a > 0; \\ \int_{+\infty}^{-\infty} f(t) e^{-i\omega \frac{t}{a}} d\frac{t}{a}, & a < 0. \end{cases}$$

$$= \frac{1}{|a|} \int_{-\infty}^{+\infty} f(t) e^{-i\frac{\omega}{a} t} dt$$

$$= \frac{1}{|a|} F\left(\frac{\omega}{a}\right).$$

证毕.

性质 7.7 （微分性质）

（1）若 $\lim\limits_{|t| \to +\infty} f(t) = 0$，则
$$\mathscr{F}(f'(t)) = i\omega \mathscr{F}(f(t)).$$

一般地，若 $\lim\limits_{|t| \to +\infty} f^{(k)}(t) = 0 \ (k = 0, 1, 2, \cdots, n-1)$，则
$$\mathscr{F}(f^{(n)}(t)) = (i\omega)^n \mathscr{F}(f(t)).$$

（2）$F'(\omega) = -i\mathscr{F}(tf(t))$

一般地，有
$$F^{(n)}(\omega) = (-i)^n \mathscr{F}(t^n f(t)).$$

证明 （1）
$$\mathscr{F}(f'(t)) = \int_{-\infty}^{+\infty} f'(t) e^{-i\omega t} dt$$

$$= \int_{-\infty}^{+\infty} e^{-i\omega t} df(t)$$

$$= f(t) e^{-i\omega t} \Big|_{-\infty}^{+\infty} - \int_{-\infty}^{+\infty} f(t) de^{-i\omega t}$$

$$= 0 + i\omega \int_{-\infty}^{+\infty} f(t) e^{-i\omega t} dt$$

$$= i\omega \mathscr{F}(f(t)).$$

（2）
$$F'(\omega) = \frac{d}{d\omega} \int_{-\infty}^{+\infty} f(t) e^{-i\omega t} dt$$

$$= \int_{-\infty}^{+\infty} f(t)(-it) e^{-i\omega t} dt$$

$$= -i \int_{-\infty}^{+\infty} t f(t) e^{-i\omega t} dt$$

$$= -i \mathscr{F}(tf(t)).$$

证毕.

性质 7.8 （积分性质）设 $g(t) = \int_{-\infty}^{t} f(\tau) d\tau$，若 $\lim\limits_{t \to +\infty} g(t) = 0$，则

$$\mathscr{F}(g(t)) = \frac{1}{i\omega} \mathscr{F}(f(t)).$$

证明 由于 $g'(t) = f(t)$，根据性质 7.7 可得 $\mathscr{F}(f(t)) = \mathscr{F}(g'(t)) = i\omega \mathscr{F}(g(t))$，所以

$$\mathscr{F}(g(t)) = \frac{1}{i\omega} \mathscr{F}(f(t)).$$

证毕.

性质 7.9（含参变量的微分性质）若 $f(x,t)$ 和 $\dfrac{\partial}{\partial t} f(x,t)$ 关于 x 可进行傅氏变换，则

$$\mathscr{F}\left(\frac{\partial}{\partial t} f(x,t)\right) = \frac{\partial}{\partial t} \mathscr{F}(f(x,t)).$$

证明

$$\frac{\partial}{\partial t} \mathscr{F}(f(x,t)) = \frac{\partial}{\partial t} \int_{-\infty}^{+\infty} f(x,t) e^{-i\omega x} dx$$

$$= \int_{-\infty}^{+\infty} \frac{\partial}{\partial t} f(x,t) e^{-i\omega x} dx$$

$$= \mathscr{F}\left(\frac{\partial}{\partial t} f(x,t)\right).$$

证毕.

性质 7.10 （含参变量的积分性质）若 $f(x,t)$ 及 $\int_{0}^{t} f(x,\tau) d\tau$ 关于 x 可进行傅氏变换，则

$$\mathscr{F}\left(\int_{0}^{t} f(x,\tau) d\tau\right) = \int_{0}^{t} \mathscr{F}(f(x,\tau)) d\tau.$$

定义 7.6 设实值函数 $f_1(t)$ 与 $f_2(t)$ 在 $(-\infty, +\infty)$ 上有定义，若无穷积分 $\int_{-\infty}^{+\infty} f_1(\tau) f_2(t-\tau) d\tau$ 对任意实数 t 均收敛，则称其为 $f_1(t)$ 与 $f_2(t)$ 的卷积，记作 $f_1(t) * f_2(t)$，即

$$f_1(t) * f_2(t) = \int_{-\infty}^{+\infty} f_1(\tau) f_2(t-\tau) d\tau.$$

卷积运算满足交换律、结合律和分配律.

性质 7.11 设 $f_1(t), f_2(t), f_3(t)$ 是定义在 $(-\infty, +\infty)$ 上的实值函数，并且它们之间的卷积都存在，则

（1） $f_1(t) * f_2(t) = f_2(t) * f_1(t)$；

（2） $(f_1(t) * f_2(t)) * f_3(t) = f_1(t) * (f_2(t) * f_3(t))$；

（3） $f_1(t) * [f_2(t) + f_3(t)] = f_1(t) * f_2(t) + f_1(t) * f_3(t)$.

定理 7.2 （卷积定理）设 $F_1(\omega) = \mathscr{F}(f_1(t)), F_2(\omega) = \mathscr{F}(f_2(t))$，则

$$\mathscr{F}(f_1(t) * f_2(t)) = F_1(\omega) \cdot F_2(\omega),$$

$$\mathscr{F}(f_1(t) \cdot f_2(t)) = \frac{1}{2\pi} F_1(\omega) * F_2(\omega).$$

证明

$$\mathscr{F}(f_1(t) * f_2(t)) = \int_{-\infty}^{+\infty} f_1(t) * f_2(t) \mathrm{e}^{-\mathrm{i}\omega t} \, \mathrm{d}t$$

$$= \int_{-\infty}^{+\infty} \mathrm{e}^{-\mathrm{i}\omega t} \mathrm{d}t \int_{-\infty}^{+\infty} f_1(\tau) f_2(t-\tau) \mathrm{d}\tau$$

$$= \int_{-\infty}^{+\infty} f_1(\tau) \mathrm{d}\tau \int_{-\infty}^{+\infty} f_2(t-\tau) \mathrm{e}^{-\mathrm{i}\omega t} \, \mathrm{d}t$$

$$= \int_{-\infty}^{+\infty} f_1(\tau) \mathrm{d}\tau \int_{-\infty}^{+\infty} f_2(t) \mathrm{e}^{-\mathrm{i}\omega(t+\tau)} \mathrm{d}t$$

$$= \int_{-\infty}^{+\infty} f_1(\tau) \mathrm{e}^{-\mathrm{i}\omega\tau} \mathrm{d}\tau \int_{-\infty}^{+\infty} f_2(t) \mathrm{e}^{-\mathrm{i}\omega t} \, \mathrm{d}t$$

$$= \mathscr{F}(f_1(t)) \cdot \mathscr{F}(f_2(t))$$

$$= F_1(\omega) \cdot F_2(\omega)$$

$$\mathscr{F}^{-1}(F_1(\omega) * F_2(\omega)) = \frac{1}{2\pi} \int_{-\infty}^{+\infty} F_1(\omega) * F_2(\omega) \mathrm{e}^{\mathrm{i}\omega t} \mathrm{d}\omega$$

$$= \frac{1}{2\pi} \int_{-\infty}^{+\infty} \mathrm{e}^{\mathrm{i}\omega t} \mathrm{d}\omega \int_{-\infty}^{+\infty} F_1(\xi) F_2(\omega - \xi) \mathrm{d}\xi$$

$$= \frac{1}{2\pi} \int_{-\infty}^{+\infty} F_1(\xi) \mathrm{d}\xi \int_{-\infty}^{+\infty} F_2(\omega - \xi) \mathrm{e}^{\mathrm{i}\omega t} \mathrm{d}\omega$$

$$= \frac{1}{2\pi} \int_{-\infty}^{+\infty} F_1(\xi) \mathrm{d}\xi \int_{-\infty}^{+\infty} F_2(\omega) \mathrm{e}^{\mathrm{i}(\omega+\xi)t} \mathrm{d}\omega$$

$$= \frac{1}{2\pi} \int_{-\infty}^{+\infty} F_1(\xi) \mathrm{e}^{\mathrm{i}\xi t} \mathrm{d}\xi \int_{-\infty}^{+\infty} F_2(\omega) \mathrm{e}^{\mathrm{i}\omega t} \mathrm{d}\omega$$

$$= 2\pi \cdot \mathscr{F}^{-1}(F_1(\omega)) \cdot \mathscr{F}^{-1}(F_2(\omega))$$

$$= 2\pi f_1(t) \cdot f_2(t),$$

所以

$$\mathscr{F}(f_1(t) \cdot f_2(t)) = \frac{1}{2\pi} F_1(\omega) * F_2(\omega).$$

证毕.

7.3.2 傅里叶变换的应用举例

例 7.10 试求热传导方程

$$\begin{cases} u_t = u_{xx}, \\ u(x,0) = e^{-x^2} \end{cases}$$

的解，其中 $-\infty < x < +\infty, t > 0.$

解 对 x 进行傅氏变换，令 $\mathscr{F}(u(x,t)) = \tilde{u}(\omega,t), \mathscr{F}(u(x,0)) = \tilde{u}(\omega,0)$，则由性质 7.9 可得

$$\mathscr{F}\left(\frac{\partial}{\partial t}u(x,t)\right) = \frac{\partial}{\partial t}\mathscr{F}(u(x,t)) = \frac{\partial}{\partial t}\tilde{u}(\omega,t),$$

由性质 7.7 可得

$$\mathscr{F}\left(\frac{\partial^2}{\partial x^2}u(x,t)\right) = (i\omega)^2 \mathscr{F}(u(x,t)) = -\omega^2 \tilde{u}(\omega,t).$$

所以 $\frac{\partial}{\partial t}\tilde{u}(\omega,t) = -\omega^2 \tilde{u}(\omega,t)$. 以 t 为变量对这个式子求解常微分方程，可得 $\tilde{u}(\omega,t) = \tilde{u}(\omega,0) e^{-\omega^2 t}$.

于是

$$\begin{aligned}
u(x,t) &= \mathscr{F}^{-1}(\tilde{u}(x,t)) \\
&= \mathscr{F}^{-1}(\tilde{u}(\omega,0) e^{-\omega^2 t}) \\
&= \mathscr{F}^{-1}(\tilde{u}(\omega,0)) * \mathscr{F}^{-1}(e^{-\omega^2 t}) \\
&= u(x,0) * \frac{1}{2\pi} \int_{-\infty}^{+\infty} e^{-\omega^2 t} e^{i\omega x} d\omega \\
&= e^{-x^2} * \frac{1}{2\pi} \int_{-\infty}^{+\infty} e^{-t\left(\omega - \frac{ix}{2t}\right)^2 - \frac{x^2}{4t}} d\omega \\
&= e^{-x^2} * \frac{1}{2\pi} e^{-\frac{x^2}{4t}} \frac{\sqrt{\pi}}{\sqrt{t}} \\
&= \frac{1}{2\sqrt{\pi t}} e^{-x^2} * e^{-\frac{x^2}{4t}} \\
&= \frac{1}{2\sqrt{\pi t}} \int_{-\infty}^{+\infty} e^{-(x-\xi)^2} e^{-\frac{\xi^2}{4t}} d\xi \\
&= \frac{1}{2\sqrt{\pi t}} \int_{-\infty}^{+\infty} e^{-\left(1+\frac{1}{4t}\right)\left(\xi - \frac{4tx}{1+4t}\right)^2 - \frac{x^2}{1+4t}} d\xi \\
&= \frac{1}{2\sqrt{\pi t}} e^{-\frac{x^2}{1+4t}} \frac{\sqrt{\pi}}{\sqrt{1+\frac{1}{4t}}} \\
&= \frac{e^{-\frac{x^2}{1+4t}}}{\sqrt{1+4t}}.
\end{aligned}$$

习题 7-3

1. 证明性质 7.5 中的第二个等式.
2. 求下列函数的傅氏变换.

（1） $f(t) = \sin t \cos t$；

（2） $f(t) = \sin^3 t$；

（3） $f(t) = \sin\left(5t + \dfrac{\pi}{3}\right)$.

拉普拉斯变换

傅里叶变换要求绝对可积，这是一个特别强的条件，大部分函数都不满足这个条件．为了克服这个困难，本章引入拉普拉斯变换．

8.1 拉普拉斯变换

8.1.1 拉普拉斯变换的定义

定义 8.1 设 $f(t)$ 是定义在 $[0,+\infty)$ 上的函数，如果对于复参数 $s=\beta+\mathrm{i}\omega$，积分

$$F(s) = \int_0^{+\infty} f(t)\mathrm{e}^{-st}\mathrm{d}t$$

在 s 平面的某一区域内收敛，则称 $F(s)$ 为 $f(t)$ 的拉普拉斯变换（简称拉氏变换），记作 $F(s)=\mathscr{L}(f(t))$．相应地，称 $f(t)$ 为 $F(s)$ 的拉普拉斯逆变换，记作 $f(t)=\mathscr{L}^{-1}(F(s))$．

例 8.1 分别求单位阶跃函数 $u(t)$，符号函数 $\mathrm{sgn}(t)$，以及常值函数 $f(t)=1$ 的拉氏变换.

解
$$\mathscr{L}(u(t)) = \int_0^{+\infty} 1\cdot\mathrm{e}^{-st}\mathrm{d}t = \frac{\mathrm{e}^{-st}}{-s}\Big|_0^{+\infty} = \frac{1}{s}, (\mathrm{Re}\,s>0).$$

$$\mathscr{L}(\mathrm{sgn}(t)) = \int_0^{+\infty} 1\cdot\mathrm{e}^{-st}\mathrm{d}t = \frac{1}{s}, (\mathrm{Re}\,s>0).$$

$$\mathscr{L}(1) = \int_0^{+\infty} 1\cdot\mathrm{e}^{-st}\mathrm{d}t = \frac{1}{s}, (\mathrm{Re}\,s>0).$$

这三个函数拉氏变换都是 $\frac{1}{s}$，那么 $\frac{1}{s}$ 的拉氏逆变换是哪一个呢？对于拉氏逆变换，我们不考虑定义为负数的情况，所以它们的效果是一样的，可以写成 $\mathscr{L}^{-1}\left(\frac{1}{s}\right)=1$．

例 8.2 求 $f(t) = t^2 + t$ 的拉氏变换.

解
$$\mathscr{L}(f(t)) = \int_0^{+\infty}(t^2+t)e^{-st}dt$$
$$= \left[-(t^2+t)\frac{e^{-st}}{s} - (2t+1)\frac{e^{-st}}{s^2} - 2\frac{e^{-st}}{s^3}\right]_0^{+\infty}$$
$$= 0 + 0 \cdot \frac{1}{s} + 1 \cdot \frac{1}{s^2} + 2 \cdot \frac{1}{s^3}$$
$$= \frac{1}{s^2} + \frac{2}{s^3}$$

8.1.2 拉普拉斯变换存在定理

当 $t \to +\infty$ 时，如果函数增长过快，则它的拉氏变换不能收敛. 我们用指数函数来度量函数的增长速度，设 $f(t)$ 的增长速度不超过某一指数函数，即 $\exists \beta > 0, M > 0$, 使得 $|f(t)| \leqslant Me^{\beta t}$, $0 \leqslant t < +\infty$. 取 $\lambda = \inf \beta$, 称 λ 为 $f(t)$ 的增长指数.

定理 8.1 （拉普拉斯变换存在定理）设函数 $f(t)$ 满足:
（1）在 $t \geqslant 0$ 的任意有限区间上分段连续;
（2）存在增长指数 λ,
则 $F(s)$ 在半平面 $\operatorname{Re} s > \lambda$ 上的拉氏变换一定存在且是解析的.

习题 8-1

1. 求函数 $f(x) = 7 \cdot 3^{x-2}$ 的增长指数.
2. 求下列函数的拉氏变换.

（1） $f(t) = \begin{cases} 3, & 0 \leqslant t < 2; \\ -1, & 2 \leqslant t < 4; \\ 0, & t \geqslant 4. \end{cases}$

（2） $f(t) = \begin{cases} \cos t, & t \geqslant \dfrac{\pi}{2}; \\ 3, & 0 \leqslant t < \dfrac{\pi}{2}. \end{cases}$

（3） $f(t) = e^{3t} + 5\delta(t)$.

（4） $f(t) = \delta(t)\cos t - u(t)\sin t$.

（5） $f(t) = t^2$.

（6） $f(t) = e^{-2t}$.

8.2 拉普拉斯变换的性质

性质 8.1（线性性质）设 $F(s) = \mathscr{L}(f(t)), G(s) = \mathscr{L}(g(t)), \alpha, \beta$ 为复常数，则有

$$\mathscr{L}(\alpha f(t) + \beta g(t)) = \alpha F(s) + \beta G(s),$$

$$\mathscr{L}^{-1}(\alpha F(s) + \beta G(s)) = \alpha f(t) + \beta g(t).$$

例 8.3 求 $\sin \beta t$ 的拉氏变换.

解
$$\sin \beta t = -\frac{\mathrm{i}}{2}(\mathrm{e}^{\mathrm{i}\beta t} - \mathrm{e}^{-\mathrm{i}\beta t})$$

$$\mathscr{L}(\sin \beta t) = -\frac{\mathrm{i}}{2}(\mathscr{L}(\mathrm{e}^{\mathrm{i}\beta t}) - \mathscr{L}(\mathrm{e}^{-\mathrm{i}\beta t}))$$

$$= -\frac{\mathrm{i}}{2}\left(\int_0^{+\infty} \mathrm{e}^{\mathrm{i}\beta t}\mathrm{e}^{-st}\mathrm{d}t - \int_0^{+\infty} \mathrm{e}^{-\mathrm{i}\beta t}\mathrm{e}^{-st}\mathrm{d}t\right)$$

$$= -\frac{\mathrm{i}}{2}\left(\int_0^{+\infty} \mathrm{e}^{(\mathrm{i}\beta-s)t}\mathrm{d}t - \int_0^{+\infty} \mathrm{e}^{-(\mathrm{i}\beta+s)t}\mathrm{d}t\right)$$

$$= -\frac{\mathrm{i}}{2}\left(\left.\frac{\mathrm{e}^{(\mathrm{i}\beta-s)t}}{\mathrm{i}\beta - s}\right|_0^{+\infty} - \left.\frac{\mathrm{e}^{-(\mathrm{i}\beta+s)t}}{-(\mathrm{i}\beta + s)}\right|_0^{+\infty}\right)$$

$$= -\frac{\mathrm{i}}{2}\left(-\frac{1}{\mathrm{i}\beta - s} - \frac{1}{\mathrm{i}\beta + s}\right)$$

$$= \frac{\mathrm{i}}{2}\frac{2\mathrm{i}\beta}{-\beta^2 - s^2}$$

$$= \frac{\beta}{\beta^2 + s^2}, (\operatorname{Re} s > 0).$$

性质 8.2 （相似性质）设 $F(s) = \mathscr{L}(f(t)), a > 0,$ 则

$$\mathscr{L}(f(at)) = \frac{1}{a}F\left(\frac{s}{a}\right).$$

证明
$$\mathscr{L}(f(at)) = \int_0^{+\infty} f(at)\mathrm{e}^{-st}\mathrm{d}t$$

$$= \int_0^{+\infty} f(t)\mathrm{e}^{-s\frac{t}{a}}\mathrm{d}\frac{t}{a}$$

$$= \frac{1}{a}\int_0^{+\infty} f(t)\mathrm{e}^{-\frac{s}{a}t}\mathrm{d}t$$

$$= \frac{1}{a}F\left(\frac{s}{a}\right).$$

证毕.

性质 8.3 （微分性质）设 $F(s) = \mathscr{L}(f(t))$，则有

（1）导数的像函数：
$$\mathscr{L}(f'(t)) = sF(s) - f(0),$$

一般地，有
$$\mathscr{L}(f^{(n)}(t)) = s^n F(s) - s^{n-1} f(0) - s^{n-2} f'(0) - \cdots - f^{(n-1)}(0).$$

（2）像函数的导数：
$$F'(s) = -\mathscr{L}(tf(t)),$$

一般地，有
$$F^{(n)}(s) = (-1)^n \mathscr{L}(t^n f(t)).$$

证明 （1）
$$\mathscr{L}(f'(t)) = \int_0^{+\infty} f'(t) e^{-st} dt$$
$$= f(t) e^{-st} \big|_0^{+\infty} + s \int_0^{+\infty} f(t) e^{-st} dt$$
$$= 0 - f(0) + sF(s)$$
$$= sF(s) - f(0).$$

（2）
$$F'(s) = \frac{d}{ds} \int_0^{+\infty} f(t) e^{-st} dt$$
$$= \int_0^{+\infty} \frac{\partial}{\partial s}(f(t) e^{-st}) dt$$
$$= \int_0^{+\infty} -tf(t) e^{-st} dt$$
$$= -\mathscr{L}(tf(t)).$$

证毕.

例 8.4 求解微分方程 $y''(t) + \beta^2 y(t) = 0, y(0) = 0, y'(0) = \beta$.

解 设 $Y(s) = \mathscr{L}(y(t))$，则
$$s^2 Y(s) - sy(0) - y'(0) + \beta^2 Y(s) = 0, \quad 于是$$
$$Y(s) = \frac{\beta}{\beta^2 + s^2}.$$

由例 8.3 得
$$y(t) = \mathscr{L}^{-1}(Y(s)) = \sin \beta t.$$

性质 8.4 （积分性质）设 $F(s) = \mathscr{L}(f(t))$，则有

（1）积分的像函数：
$$\mathscr{L}\left(\int_0^t f(\tau) d\tau\right) = \frac{1}{s} F(s),$$

一般地，有

$$\mathscr{L}\left(\int_0^t d\tau_1 \int_0^{\tau_1} d\tau_2 \cdots \int_0^{\tau_{n-1}} f(\tau_n) d\tau_n\right) = \frac{1}{s^n} F(s).$$

（2）像函数的积分：

$$\int_s^\infty F(\xi) d\xi = \mathscr{L}\left(\frac{f(t)}{t}\right),$$

一般地，有

$$\int_s^\infty d\xi_1 \int_{\xi_1}^\infty d\xi_2 \cdots \int_{\xi_{n-1}}^\infty F(\xi_n) d\xi_n = \mathscr{L}\left(\frac{f(t)}{t^n}\right).$$

证明 （1）设 $g(t) = \int_0^t f(\tau) d\tau$，则 $g'(t) = f(t), g(0) = 0$. 由性质 8.3 导数的像函数得，$\mathscr{L}(g'(t)) = s\mathscr{L}(g(t)) - g(0)$.

所以

$$\mathscr{L}(g(t)) = \frac{1}{s}\mathscr{L}(g'(t)) = \frac{1}{s}\mathscr{L}(f(t)) = \frac{1}{s}F(s).$$

（2）

$$\int_s^\infty F(\xi) d\xi = \int_s^\infty \left(\int_0^{+\infty} f(t) e^{-\xi t} dt\right) d\xi$$

$$= \int_0^{+\infty} f(t) dt \int_s^\infty e^{-\xi t} d\xi$$

$$= \int_0^{+\infty} f(t) \left(\frac{e^{-\xi t}}{-t}\bigg|_s^\infty\right) dt$$

$$= \int_0^{+\infty} \frac{f(t)}{t} e^{-st} dt$$

$$= \mathscr{L}\left(\frac{f(t)}{t}\right).$$

证毕.

性质 8.5 （延迟性质）设 $F(s) = \mathscr{L}(f(t)), t_0 > 0.$ 当 $t < 0$ 时，$f(t) = 0$，则有 $\mathscr{L}(f(t-t_0)) = e^{-st_0} F(s)$.

证明

$$\mathscr{L}(f(t-t_0)) = \int_0^{+\infty} f(t-t_0) e^{-st} dt$$

$$= \int_{-t_0}^{+\infty} f(t) e^{-s(t+t_0)} dt$$

$$= \int_0^{+\infty} f(t) e^{-s(t+t_0)} dt$$

$$= e^{-st_0} \int_0^{+\infty} f(t) e^{-st} dt$$

$$= e^{-st_0} F(s).$$

证毕.

性质 8.6 （位移性质）设 $F(s) = \mathscr{L}(f(t))$，α 为复常数，则有 $\mathscr{L}(e^{\alpha t}f(t)) = F(s-\alpha)$.

证明
$$\mathscr{L}(e^{\alpha t}f(t)) = \int_0^{+\infty} e^{\alpha t}f(t)e^{-st}dt$$
$$= \int_0^{+\infty} f(t)e^{-(s-\alpha)t}dt$$
$$= F(s-\alpha).$$

证毕.

定理 8.2 （卷积定理）设 $F_1(s) = \mathscr{L}(f_1(t))$, $F_2(s) = \mathscr{L}(f_2(t))$，则
$$\mathscr{L}(f_1(t) * f_2(t)) = F_1(s) \cdot F_2(s).$$

证明 当 $t<0$ 时，规定 $f_1(t)=0, f_2(t)=0$，如图 8.1 所示，

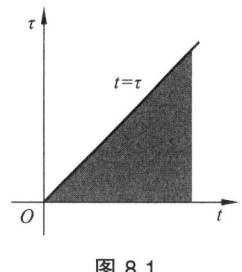

图 8.1

$$\mathscr{L}(f_1(t) * f_2(t)) = \int_0^{+\infty} f_1(t) * f_2(t)e^{-st}dt$$
$$= \int_0^{+\infty} e^{-st}dt \int_{-\infty}^{+\infty} f_1(\tau)f_2(t-\tau)d\tau$$
$$= \int_0^{+\infty} e^{-st}dt \int_0^{+\infty} f_1(\tau)f_2(t-\tau)d\tau$$
$$= \int_0^{+\infty} e^{-st}dt \int_0^{t} f_1(\tau)f_2(t-\tau)d\tau$$
$$= \int_0^{+\infty} f_1(\tau)d\tau \int_{\tau}^{+\infty} f_2(t-\tau)e^{-st}dt$$
$$= \int_0^{+\infty} f_1(\tau)d\tau \int_0^{+\infty} f_2(t)e^{-s(t+\tau)}dt$$
$$= \int_0^{+\infty} f_1(\tau)e^{-s\tau}d\tau \int_0^{+\infty} f_2(t)e^{-st}dt$$
$$= F_1(s) \cdot F_2(s).$$

证毕.

例 8.5 设 $f(t) = e^t, t>0$，求 $\mathscr{L}(f(t))$.

解
$$\mathscr{L}(e^t) = \int_0^{+\infty} e^t e^{-st}dt$$
$$= \int_0^{+\infty} e^{(1-s)t}dt$$
$$= \frac{e^{(1-s)t}}{1-s}\Big|_0^{+\infty}$$
$$= \frac{1}{s-1}(\mathrm{Re}\, s > 1).$$

例 8.6 求解微分方程组
$$\begin{cases} x'(t) + x(t) - y(t) = e^t; \\ y'(t) + 3x(t) - 2y(t) = 2e^t. \end{cases}$$

其中 $x(0)=1, y(0)=1$.

解 令 $X(s) = \mathscr{L}(x(t)), Y(s) = \mathscr{L}(y(t))$，则有

$$\begin{cases} sX(s) - x(0) + X(s) - Y(s) = \dfrac{1}{s-1}; \\ sY(s) - y(0) + 3X(s) - 2Y(s) = \dfrac{2}{s-1}. \end{cases}$$

解得 $X(s) = Y(s) = \dfrac{1}{s-1}$.

由例 8.5 得

$$x(t) = \mathscr{L}^{-1}(X(s)) = e^t, y(t) = e^t.$$

 习题 8-2

1. 求下列函数的拉氏变换：

（1）$f(t) = t^2 + 3t + 2$；　　　　（2）$f(t) = 1 - te^{-t}$；

（3）$f(t) = te^{-3t}\sin 2t$；　　　　（4）$f(t) = \dfrac{\sin 2t}{t}$.

2. 解微分方程 $y''' - 3y'' + 3y' - y = -1, y''(0) = y'(0) = 1, y(0) = 2$.

8.3　拉普拉斯逆变换

8.3.1　反演积分公式

应该如何求拉普拉斯逆变换呢？我们来研究这个问题．让我们先来认识反演积分公式．反演积分公式如下：

$$F(s) = F(\beta + i\omega) = \int_0^{+\infty} f(t)e^{-st}dt = \int_{-\infty}^{+\infty} f(t)u(t)e^{-\beta t}e^{-i\omega t}dt.$$

$$f(t)u(t)e^{-\beta t} = \frac{1}{2\pi}\int_{-\infty}^{+\infty} F(\beta + i\omega)e^{i\omega t}d\omega.$$

$$\begin{aligned} f(t)u(t) &= \frac{1}{2\pi}e^{\beta t}\int_{-\infty}^{+\infty} F(\beta + i\omega)e^{i\omega t}d\omega \\ &= \frac{1}{2\pi i}\int_{-\infty}^{+\infty} F(\beta + i\omega)e^{(\beta + i\omega)t}d(\beta + i\omega) \\ &= \frac{1}{2\pi i}\int_{\beta - i\infty}^{\beta + i\infty} F(s)e^{st}ds \end{aligned}$$

$$f(t) = \frac{1}{2\pi i} \int_{\beta-i\infty}^{\beta+i\infty} F(s)e^{st}ds (t>0).$$

8.3.2 反演积分定理

定理 8.3 （反演积分定理）设 $F(s)$ 除在半平面 $\mathrm{Re}\, s \leqslant c$ 内有有限个孤立奇点 $s_1, s_2, \cdots, s_n$ 外是解析的，$\lim\limits_{s\to\infty} F(s) = 0, \beta > c$，则

$$\frac{1}{2\pi i} \int_{\beta-i\infty}^{\beta+i\infty} F(s)e^{st}ds = \sum_{k=1}^{n} \mathrm{Res}(F(s)e^{st}, s_k).$$

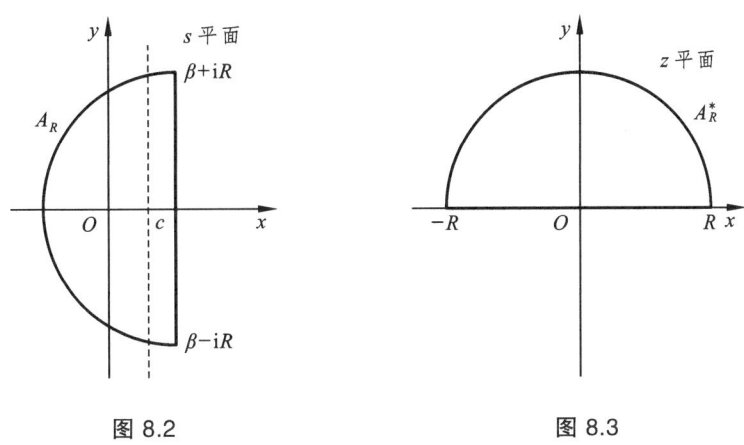

图 8.2   图 8.3

证明 如图 8.2、图 8.3 所示，闭曲线 $L = \Gamma + A_R$，其中线段 Γ 在半平面 $\mathrm{Re}\, s > c$ 内，A_R 是半径为 R 的半圆弧. 当 R 充分大时，可使 $s_1, s_2, \cdots, s_n$ 都含在 L 内. 由于 $F(s)e^{st}$ 除孤立奇点 $s_1, s_2, \cdots, s_n$ 外是解析的，所以由留数基本定理 5.1 得

$$\int_L F(s)e^{st}ds = 2\pi i \sum_{k=1}^{n} \mathrm{Res}(F(s)e^{st}, s_k).$$

即

$$\frac{1}{2\pi i}\left(\int_{\beta-iR}^{\beta+iR} F(s)e^{st}ds + \int_{A_R} F(s)e^{st}ds \right) = \sum_{k=1}^{n} \mathrm{Res}(F(s)e^{st}, s_k)$$

令

$$s = \beta + iz, G(z) = F(\beta + iz),$$

因为 $\lim\limits_{s\to\infty} F(s) = 0$，所以 $\lim\limits_{z\to\infty} G(z) = 0$，故 $\lim\limits_{R\to+\infty} G(z) = 0.$

设 A_R^* 为半圆弧 $z = Re^{i\theta}, 0 \leqslant \theta \leqslant \pi, t > 0$，由若尔当引理 5.2 得

$$\lim_{R\to+\infty} \int_{A_R^*} G(z)e^{itz}dz = 0.$$

则
$$\lim_{R\to+\infty}\int_{A_R} F(s)e^{st}ds = \lim_{R\to+\infty}\int_{A_R^*} F(\beta+iz)e^{\beta t}e^{itz}idz$$
$$= ie^{\beta t}\lim_{R\to+\infty}\int_{A_R^*} G(z)e^{itz}dz = 0.$$

所以
$$\frac{1}{2\pi i}\int_{\beta-i\infty}^{\beta+i\infty} F(s)e^{st}ds = \sum_{k=1}^{n}\text{Res}(F(s)e^{st},s_k),$$

即
$$\mathscr{L}^{-1}(F(s)) = \sum_{k=1}^{n}\text{Res}(F(s)e^{st},s_k), (t>0).$$

证毕.

例 8.7 设 $F(s) = \dfrac{1}{(s-2)(s-1)^2}$，求 $\mathscr{L}^{-1}(F(s))$.

解 $s=2$ 和 $s=1$ 分别是 $F(s)$ 的一阶和二阶极点. 则
$$\text{Res}(F(s)e^{st},2) = \lim_{s\to 2}(s-2)F(s)e^{st} = e^{2t},$$

$$\text{Res}(F(s)e^{st},1) = \frac{1}{(2-1)!}\lim_{s\to 1}\frac{\partial}{\partial s}\left(\frac{e^{st}}{s-2}\right) = \left.\frac{te^{st}(s-2)-e^{st}}{(s-2)^2}\right|_{s=1} = -te^t - e^t.$$

所以
$$\mathscr{L}^{-1}(F(s)) = e^{2t} - te^t - e^t.$$

 习题 8-3

1. 求下列函数的拉氏逆变换.

（1）$F(s) = \dfrac{1}{s+2}$；　　　　（2）$F(s) = \dfrac{2s}{(s^2-1)^2}$；

（3）$F(s) = \dfrac{1}{s^4+5s^2+4}$；　　（4）$F(s) = \dfrac{1+e^{-2s}}{s^2}$.

2. 求解微分方程组
$$\begin{cases} y'' - x'' + x' - y = e^t - 2, x(0) = x'(0) = 0, \\ 2y'' - x'' - 2y' + x = -t, y(0) = y'(0) = 0. \end{cases}$$

习题参考答案

习题 1-1

3.（1） $-1, 0, 1, \pi + 2k\pi, k \in \mathbb{Z}$，（2） $\pi, 0, \pi, 2k\pi, k \in \mathbb{Z}$，（3） $0, \dfrac{1}{2}, \dfrac{1}{2}, \dfrac{\pi}{2} + 2k\pi, k \in \mathbb{Z}$，

（4） $1, -\sqrt{3}, 2, \dfrac{5\pi}{3} + 2k\pi, k \in \mathbb{Z}$，（5） $0, -1, 1, \dfrac{3\pi}{2} + 2k\pi, k \in \mathbb{Z}$，

（6） $1-\cos\theta, \sin\theta, 2\sin\dfrac{\theta}{2}, \dfrac{\pi-\theta}{2} + 2k\pi, k \in \mathbb{Z}$.

4.（1） $-\dfrac{3}{2} - \dfrac{1}{2}\mathrm{i}$，（2） $-3-4\mathrm{i}$.

7.（1） $\pm\dfrac{\sqrt{2}}{2} \pm \dfrac{\sqrt{2}}{2}\mathrm{i}$，（2） $2\mathrm{i}, \pm\sqrt{3} - \mathrm{i}$.

习题 1-2

2.（1） $u^2 + v^2 = \dfrac{1}{4}$，（2） $u+v=0, w\neq 0, w = \infty$，（3） $u^2 - u + v^2 = 0, w \neq 0$，（4） $u = \dfrac{1}{2}, w = \infty$.

习题 2-1

1.（1） $-\mathrm{i}\mathrm{e}^2$，（2） $\cos\ln 3 + \mathrm{i}\sin\ln 3$，（3） $27(\cos\ln 3 - \mathrm{i}\sin\ln 3)$，

（4） $\mathrm{e}^{-\frac{\pi}{2} - 2k\pi}(\cos\ln 2 + \mathrm{i}\sin\ln 2), k \in \mathbb{Z}$，（5） $\ln 5 + \left(\dfrac{3\pi}{2} + 2k\pi\right)\mathrm{i}, k \in \mathbb{Z}$，

（6） $\ln 2\sqrt{3} + \left(-\dfrac{\pi}{6} + 2k\pi\right)\mathrm{i}, k \in \mathbb{Z}$，（7） $\cosh 4 \sin 3 + \mathrm{i}\sinh 4 \cos 3$，

（8） $\mathrm{i}\tanh 1$，（9） $\dfrac{\pi}{2} + 2k\pi - \mathrm{i}\ln(3 \pm 2\sqrt{2}), k \in \mathbb{Z}$，（10） $\dfrac{\pi}{2} + k\pi + \dfrac{\ln 3}{2}\mathrm{i}, k \in \mathbb{Z}, 4, \mathrm{i}$.

习题 2-2

2.（1）1，（2）1，（3）3.

3.（1）在原点 $z=0$ 可微，（2）在直线 $y=x$ 上可微，（3）在 $\sqrt{2}x\pm\sqrt{3}y=0$ 上可微，（4）在复平面上处处可微.

5.（1）$f'(z)=3z^2$，（2）$f'(z)=(z+1)\mathrm{e}^z$，
（3）$f'(z)=\cos x\cdot\cosh y-\mathrm{i}\sin x\cdot\sinh y$，（4）$f'(z)=-\sin x\cdot\cosh y-\mathrm{i}\cos x\cdot\sinh y$.

6.（1）$z^3+\mathrm{i}$，（2）$\left(1-\dfrac{\mathrm{i}}{2}\right)z^2+\dfrac{\mathrm{i}}{2}$.

习题 3-1

1.（1）$\dfrac{\sqrt{5}}{2}(2-\mathrm{i})$，（2）2，（3）2i，（4）0.

习题 3-2

1.（1）$\mathrm{e}^{\mathrm{i}}-1-\dfrac{2}{3}\mathrm{i}$，（2）$1-\cos\pi\mathrm{i}$.

习题 3-3

1.（1）$4\pi\mathrm{i}$，（2）$6\pi\mathrm{i}$，（3）0.

2.（1）$\dfrac{\sqrt{2}}{2}\pi\mathrm{i}$，（2）$\dfrac{\sqrt{2}}{2}\pi\mathrm{i}$，（3）$\sqrt{2}\pi\mathrm{i}$.

3. $-12\pi+26\pi\mathrm{i},0$.

习题 4-2

1.（1）$\dfrac{1}{\mathrm{e}}$，（2）当 $|a|\leqslant 1$ 时，$R=1$，当 $|a|>1$ 时，$R=\dfrac{1}{|a|}$.

2.（1）$\sin 1\sum\limits_{n=0}^{+\infty}\dfrac{(-1)^n}{(2n)!}(z-1)^{2n}+\cos 1\sum\limits_{n=0}^{+\infty}\dfrac{(-1)^n}{(2n+1)!}(z-1)^{2n+1}, |z-1|<+\infty$，

（2）$\cos 1\sum\limits_{n=0}^{+\infty}\dfrac{(-1)^n}{(2n)!}(z-1)^{2n}-\sin 1\sum\limits_{n=0}^{+\infty}\dfrac{(-1)^n}{(2n+1)!}(z-1)^{2n+1}, |z-1|<+\infty$，

（3）$\sum\limits_{n=0}^{+\infty}(-1)^n\dfrac{(z-1)^n}{3^{n+1}}, |z-1|<3$，（4）$\dfrac{1}{4}+\sum\limits_{n=1}^{+\infty}(-1)^n\dfrac{(n-3)(z-1)^n}{2^{n+2}}, |z-1|<2$.

习题 4-3

1.（1）4，（2）15.

2.（1）不存在，（2）不存在，（3）不存在，（4）存在 $\dfrac{1}{1+z}$.

习题 4-4

1.（1）$\dfrac{2}{3}\sum\limits_{n=0}^{+\infty}\left(2^{n+1}-\dfrac{1}{2^{n+1}}\right)z^{n-2}$，（2）$\sum\limits_{n=0}^{+\infty}\dfrac{(-1)^n}{(2n+1)!(z-2)^{2n+1}}$.

2.（1）能，（2）能，（3）否，（4）否.

习题 4-5

1.（1）$z=0$ 为一阶极点，$z=\pm 2\mathrm{i}$ 为二阶极点，（2）$z=k\pi-\dfrac{\pi}{4},k\in\mathbb{Z}$ 均为一阶极点，

（3）$z=(2k+1)\pi,k\in\mathbb{Z}$ 均为一阶极点，（4）$z=\pm\dfrac{\sqrt{2}}{2}(1-\mathrm{i})$ 均为三阶极点，

（5）$z=\left(k+\dfrac{1}{2}\right)\pi,k\in\mathbb{Z}$ 均为二阶极点，（6）$z=-\mathrm{i}$ 为本性奇点，

（7）$z=0$ 为可去奇点，（8）$z=2k\pi\mathrm{i},k\in\mathbb{Z}$ 均为一阶极点.

习题 4-6

1.（1）$z=\infty$ 为可去奇点，（2）$z=\infty$ 为非孤立奇点，（3）$z=\infty$ 为非孤立奇点，

（4）$z=\infty$ 为可去奇点，（5）$z=\infty$ 为非孤立奇点，（6）$z=\infty$ 为可去奇点，

（7）$z=\infty$ 为本性奇点，（8）$z=\infty$ 为非孤立奇点.

2.（1）$\sum\limits_{n=0}^{+\infty}\dfrac{(-1)^n(n+1)}{(2\mathrm{i})^{n+2}}(z-\mathrm{i})^{n-2}$ $(0<|z-\mathrm{i}|<2)$，（2）$\sum\limits_{n=-2}^{+\infty}\dfrac{1}{(n+2)!}\cdot\dfrac{1}{z^n}$ $(0<|z|<+\infty)$，

（3）$\sum\limits_{n=0}^{+\infty}\dfrac{(-1)^n}{n!}\cdot\dfrac{1}{(z-1)^n}$ $(0<|z-1|<+\infty)$.

习题 5-1

1.（1）$-\dfrac{\mathrm{i}}{2},\dfrac{\mathrm{i}}{2}$，（2）$1,-\dfrac{1}{2},-\dfrac{1}{2}$，（3）$\dfrac{1}{4},-\dfrac{1}{4},0$，（4）$1$（当 n 为偶数时），-1（当 n 为奇数时），

(5) 1, (6) 0, (7) 0,1,–1, (8) 1.

2. (1) 0, (2) $\dfrac{i\pi e}{8}$, (3) $4\pi e^2 i$, (4) $-2\pi i$, (5) $\sin i$, (6) 0.

习题 5-2

1. (1) $\dfrac{\pi}{ab(a+b)}$, (2) $\dfrac{2\sqrt{7}}{7}\pi$, (3) $\dfrac{\sqrt{2}}{12}\pi$, (4) $\dfrac{\pi}{2}$.

2. (1) $\dfrac{\pi}{3e^3}$, (2) $\dfrac{\pi}{2e^a}$, (3) $\dfrac{\pi}{2e^4}(2\cos 2+\sin 2)$, (4) $\dfrac{\pi}{8}-\dfrac{\pi}{24e^3}$.

习题 5-3

1. 0, 4.
2. (1) 1, (2) 0, (3) 5, (4) 0.

习题 6-1

1. (1) 0,2, (2) $\pi,\dfrac{1}{2}$, (3) $\dfrac{\pi}{4},2\sqrt{2}$, (4) $\pi-\arctan\dfrac{4}{3},10$.

2. $\dfrac{8}{3}$.

习题 6-2

1. (1) $w=\dfrac{z-6i}{3iz-2}$, (2) $w=\dfrac{i(z+1)}{1-z}$, (3) $w=-\dfrac{1}{z}$, (4) $w=\dfrac{1}{1-z}$, (5) $w=\dfrac{-4z}{(i-1)z-(1+i)}$.

2. (1) $w=\left(\dfrac{z+\sqrt{3}}{z-\sqrt{3}}\right)^3$, (2) $w=-i\left(\dfrac{z+1}{z-1}\right)^2$, (3) $w=e^{\frac{2\pi i z}{z-2}}$.

习题 7-1

1. $f(t)=\dfrac{-2}{\pi}\sum\limits_{n=-\infty}^{\infty}\dfrac{1}{4n^2-1}e^{in\omega t}$.

2. (1) $\dfrac{2\sin\omega}{\omega}$, (2) $-\dfrac{2i}{\omega}(1-\cos\omega)$, (3) $\dfrac{2\beta}{\beta^2+\omega^2}$, (4) $\dfrac{-2i\sin\omega\pi}{1-\omega^2}$,

(5) $\dfrac{1}{1-i\omega}$, (6) $\dfrac{2}{4+(1+i\omega)^2}$, (7) $\dfrac{4}{\omega^3}\sin(\omega-\omega\cos\omega)$.

习题 7-2

2. (1) $-\dfrac{2\mathrm{i}}{\omega}$, (2) $\cos a\omega + \cos\dfrac{a\omega}{2}$.

习题 7-3

2. (1) $\dfrac{\pi \mathrm{i}}{2}[\delta(\omega+2)-\delta(\omega-2)]$, (2) $\dfrac{\pi \mathrm{i}}{4}[\delta(\omega-3)-3\delta(\omega-1)+3\delta(\omega+1)-\delta(\omega+3)]$,

   (3) $\dfrac{\pi}{2}[(\sqrt{3}+\mathrm{i})\delta(\omega+5)+(\sqrt{3}-\mathrm{i})\delta(\omega-5)]$.

习题 8-1

1. $\ln 3$.

2. (1) $F(s)=\dfrac{1}{s}(3-4\mathrm{e}^{-2s}+\mathrm{e}^{-4s})$, (2) $F(s)=\dfrac{3}{s}(1-\mathrm{e}^{-\frac{1}{2}\pi s})-\dfrac{1}{s^2+1}\mathrm{e}^{-\frac{1}{2}\pi s}$,

   (3) $F(s)=\dfrac{1}{s-3}+5$, (4) $F(s)=\dfrac{s^2}{s^2+1}$, (5) $F(s)=\dfrac{2}{s^3}$, (6) $F(s)=\dfrac{1}{s+2}$.

习题 8-2

1. (1) $F(s)=\dfrac{1}{s^3}(2s^2+3s+2)$, (2) $F(s)=\dfrac{1}{s}-\dfrac{1}{(s+1)^2}$,

   (3) $F(s)=\dfrac{4(s+3)}{[(s+3)^2+4]^2}$, (4) $F(s)=\dfrac{\pi}{2}-\arctan\dfrac{s}{2}$.

2. $y=\mathrm{e}^t+1$.

习题 8-3

1. (1) $f(t)=\mathrm{e}^{-2t}$, (2) $f(t)=t\sinh t$, (3) $f(t)=\dfrac{1}{3}\sin t-\dfrac{1}{6}\sin 2t$, (4) $f(t)=\begin{cases} t, & 0\leqslant t<2; \\ 2(t-1), & t>2. \end{cases}$

2. $\begin{cases} x(t)=-t+t\mathrm{e}^t, \\ y(t)=1+t\mathrm{e}^t-\mathrm{e}^t. \end{cases}$

参考文献

[1] 肖荫庵，李殿国. 复变函数论讲义[M]. 长春：东北师范大学出版社，1987.

[2] 王慕三，庄亚栋. 数学分析[M]. 北京：高等教育出版社，1990.

[3] 张锦豪，邱维元. 复变函数[M]. 北京：高等教育出版社，2001.

[4] 余家荣. 复变函数[M]. 5 版. 北京：高等教育出版社，2014.

[5] 李红，谢松法. 复变函数与积分变换[M]. 5 版. 北京：高等教育出版社，2018.

[6] 刘建亚，吴臻. 复变函数与积分变换[M]. 3 版. 北京：高等教育出版社，2019.

[7] 钟玉泉. 复变函数论[M]. 5 版. 北京：高等教育出版社，2021.

[8] 苏变萍，陈东立. 复变函数与积分变换[M]. 4 版. 北京：高等教育出版社，2022.